JN220457

ビジネス数理基礎

［改訂版］

高萩栄一郎／生田目崇／奥瀬喜之
岡田 穣／本田竜広／中原孝信 共著

ムイスリ出版

Microsoft, Windows, Excel, Microsoft Mathematics はアメリカ Microsoft Corporation のアメリカ及びその他の国における登録商標です．なお，本文中には ™ 及び ® マークは明記しておりません．

本書で利用する学習 Web は，24 時間運用を目指しておりますが，インターネット上のトラブル，機器，ソフトウェアのトラブル・保守等により停止することがあります．その際はご容赦ください．また，本学習 Web は当面維持しますが，サービスの提供を保証するものではありません．

学習 Web からのダウンロード，学習 Web の使用や使用結果などにおいていかなる損害が生じても，筆者および小社は一切の責任を負いません．あらかじめご了承ください．

はじめに

　本書は，高校までの数学と社会科学系の専門科目で使う数学への橋渡しを試みています．大学1年生の専門科目「ビジネス基礎数理」で利用することを念頭に執筆したものです．

　最近，大学初年度で「基礎数学」などと呼ばれる，高校までの数学を復習する授業が多くの大学で取り入れられています．しかし，その授業は数学が得意な学生にとっては退屈な授業であり，苦手な学生にとってはいやな授業の繰り返しにすぎません．そこで次のような方針で本書を作成しました．

(1) 高校までの数学の復習は最小限にとどめました．大学の社会科学系で使う数学の概念は限られています．そこで統計，金利計算，微積分，行列といった分野に絞りました．また，題材も社会科学に関連があるものから選びました．

(2) 直感的に理解するために，実際にグラフ化するなどの Web（ホームページ）を多数作成しました．また，作業を通じて，その概念がどのようになるのかを体験することを重要視しました．たとえば，一次関数 $y = ax + b$ で a, b の値を変化させてみることなどをしています．学習 Web での体験を通して，概念の把握を容易にするように努めました．

(3) 限られた時間で学習するので，導関数の求め方など「計算の仕方」を学習することは思い切って切り捨てました．微分の計算は，数式処理ソフトウェアにまかせることにし，微分することとはどんなことかを理解してもらうことに重点を置きました．

(4) Web での学習では，自分で題材を集め，その題材で学習をすすめる形のものを多く取り入れました．たとえば，行列の章では，マルコフ連鎖を用いて自分でモデル化する学習を行います．また，統計分析の章では，多変量解析の1つである回帰分析を取り上げ，データから傾向を関数として捉えるための学習を行います．

(5) その他の Web でもかつて CAI で行われたようなすべての学生に同じ問題を出題することは避け，パラメータなどの設定の違いによってさまざまな問題に対応できるようにしました．

(6) 授業をしているとき，「国語の授業じゃない？」と指摘されます．社会の現象を記述するのに，言葉だけではなく，数式での記述，データ，およびそれを可視化（グラフ化）したものを利用できるようになることを目指しています．

(7) なによりも論理的に考える能力を身につけることを目標にしました．

　本書をテキストとして利用する場合，講義を教室で行い，Web を使っての課題の遂行は，各学生が本書を参考にして自力で行うことを想定しています．なお，本書で利用している Web などは下記の URL から利用できます．

http://cgi.isc.senshu-u.ac.jp/~thc0456/cgi-bin/kisom/bizmath.html

　また，本書は大学入学時の数学の基礎学力により，能力別クラスを編成して学習することを念頭に置いています．

初級クラス　　1 章から 6 章を学習
中級クラス　　4 章から 9 章を学習

　本書は，「インターネットで学ぶ 社会科学系のための数学」（ムイスリ出版）の内容を引き継いだものです．前著に比べ，統計の部分を充実させ，一部の内容を減らしました．

　本書を作成するにあたって，大学改革支援・学位授与機構研究開発部の井田正明先生，筑波学院大学経営情報学部の松岡東香先生，専修大学経営学部の宇佐美嘉弘先生からは，貴重なコメントを頂きました．ここに感謝申し上げます．本書の方針と合致したムイスリ（思索する，考える）出版から発行できることに喜びをおぼえるとともに，編集の方々に感謝いたします．

2014 年 1 月，2019 年 9 月

（著者を代表して）　高萩 栄一郎

takahagi@isc.senshu-u.ac.jp

目 次

第 1 章　数の世界			**1**
1.1	数の種類		2
	1.1.1	整数	2
	1.1.2	実数	2
1.2	比と割り算		3
	1.2.1	簡単な問題	4
	1.2.2	直感的にはわからない問題	5
	1.2.3	割り算の意味	5
	1.2.4	単位が異なるとき	6
1.3	分数の計算		8
	1.3.1	分数とは	8
	1.3.2	乗算・除算	8
	1.3.3	分数の性質	9
1.4	数学の記号と意味		10
1.5	数学での約束		11
1.6	前回比，増減率		13
1.7	添え字と合計		16
	1.7.1	添え字	16
	1.7.2	Σ を使った計算：合計	17
1.8	フローとストック		18

第 2 章	データの表現とグラフ化	**23**
2.1	棒グラフ	24
2.2	円グラフと帯グラフ	26
2.3	折れ線グラフ	28
2.4	複数の系列のグラフ	29
2.5	平均値と中央値	32
	2.5.1 平均値 (mean)	32
	2.5.2 中央値 (median)	33
	2.5.3 Web による平均・中央値の計算練習	34
2.6	クロス集計表	34
2.7	度数分布表とヒストグラム	36
第 3 章	社会現象を数式で表現する	**39**
3.1	1 次関数と社会	39
	3.1.1 1 次関数（同じ割合で増減する関数）	39
	3.1.2 グラフでの表現	40
	3.1.3 関数とは	42
	3.1.4 1 次関数を作成する	43
3.2	連立 1 次方程式と社会	45
	3.2.1 2 点の座標から直線を求める	45
	3.2.2 2 つの直線の交点を求める	46
	3.2.3 需要量，供給量，均衡点	47
	3.2.4 Web による需要供給分析（間接税の効果）	52
3.3	関数の変化率（微分）・弾力性	52
	3.3.1 関数の変化率（微分）	52
	3.3.2 導関数と最大値，最小値	54
	3.3.3 弾力性	54
3.4	1 次関数の利用（1 次近似）	57
3.5	多変数の関数	57

目次 **vii**

第 4 章　データの可視化とグラフ化　59

4.1	データの表現とグラフ化	60
	4.1.1　系列とデータ	60
	4.1.2　大きさを比較するグラフ	60
	4.1.3　割合を比較するグラフ	61
4.2	パレート図	62
4.3	時系列データ	64
4.4	移動平均値	64
	4.4.1　移動平均値の分析	68
4.5	代表値	69
	4.5.1　調整平均値	69
4.6	クロス集計表とシンプソンのパラドックス	69
	4.6.1　クロス集計表	70
	4.6.2　シンプソンのパラドックス	70
	4.6.3　例：国民医療費の分析	71
4.7	ヒストグラム	73
	4.7.1　ヒストグラムの読み方	73
	4.7.2　階級幅が異なるとき	75
	4.7.3　分位数	76
	4.7.4　グラフの解釈	77
	4.7.5　階級の数	78
	4.7.6　学習 Web によるヒストグラムの作成	78
4.8	加重平均値や比率の平均値	79
4.9	データの散らばりを表す尺度	80
	4.9.1　分散・標準偏差	80
	4.9.2　変動係数	84
	4.9.3　データの標準化	84
	4.9.4　Web による平均・分散・標準偏差・標準得点の計算	86

viii 目次

第5章	相関分析と回帰分析	**87**
5.1	2種類のデータの傾向：散布図と相関係数	88
	5.1.1 散布図	88
	5.1.2 共分散と相関係数	89
	5.1.3 Web による相関係数の計算練習	95
	5.1.4 原因と結果	95
5.2	回帰分析	98
	5.2.1 回帰分析とは	98
	5.2.2 回帰分析の意味（試行錯誤で回帰直線を求める） . .	100
	5.2.3 傾きと切片の求め方	100
	5.2.4 表計算ソフトウェアによる回帰分析	102
	5.2.5 出力結果の見方	103
	5.2.6 統計データによる回帰分析	105
	5.2.7 単回帰分析と重回帰分析	107
	5.2.8 Excel による重回帰分析	108
	5.2.9 標準化回帰係数	109

第6章	指数・対数と社会	**111**
6.1	指数と社会	112
	6.1.1 指数法則	112
	6.1.2 指数関数（同じ倍数で増える関数）	113
	6.1.3 電卓を使って指数の計算	115
6.2	比率の平均値：幾何平均	115
6.3	金利計算	119
	6.3.1 複利計算	119
6.4	現在価値	120
6.5	対数	123
	6.5.1 対数を使って n を求める（金利計算）	124
	6.5.2 電卓を使っての対数の計算	124

目次 ix

| 6.6 | 金利計算 ― まとめと少し複雑な問題 ― | 125 |

6.6.1	金利計算のまとめ	125
6.6.2	金利計算の学習 Web	126
6.6.3	複数の債券に分割	126
6.6.4	ローン，年金計算	126
6.6.5	Web による金利計算シミュレーション	128
6.6.6	ゴールシーク，ソルバー	130

第 7 章　関 数　　133

7.1	社会科学と数式	134
7.2	定義域・値域と連続関数	135
7.3	逆関数	137
7.3.1	逆関数が存在する条件	138
7.4	単調な関数	139
7.4.1	単調増加関数	139
7.4.2	単調減少関数	140
7.4.3	狭義単調関数	141
7.5	2 分検索	143
7.5.1	狭義単調関数の解を求める	143
7.5.2	2 分検索 Web	145
7.5.3	ゴールシークとの関係	145
7.6	区分型関数	146
7.6.1	区分型関数とは	146
7.6.2	所得税額の計算	146
7.6.3	区分型関数のグラフ化 Web	148
7.6.4	所得税額の計算の種明かし	148
7.6.5	所得税額から所得金額を求める（逆関数）	149
7.7	指数・対数関数	151
7.7.1	指数関数の性質	151

	7.7.2	対数法則	152
	7.7.3	片対数のグラフ	153

第8章　微分・積分　　155

8.1		微分とは	156
	8.1.1	平均変化率・瞬間変化率	156
	8.1.2	導関数	157
	8.1.3	いろいろな関数の導関数（参考）	159
8.2		導関数と最大値，最小値	160
	8.2.1	元の関数と導関数の関係（単調性との関係）	160
	8.2.2	限界概念	161
	8.2.3	最大値・最小値	163
	8.2.4	例題：商品の生産量の決定	164
8.3		積 分	166
	8.3.1	積分の意味	166
	8.3.2	積分法（参考）	168
	8.3.3	離散値の場合	168
	8.3.4	区間の平均値	169
	8.3.5	微分と積分の関係	169
	8.3.6	式を微分・積分するソフトウェア	170

第9章　行　列　　171

9.1		多変数の1次関数と行列	172
	9.1.1	多変数の関数	172
	9.1.2	行列とベクトル表現による多変数の1次式	173
	9.1.3	行列の和・差・積	175
	9.1.4	逆行列・単位行列	175
	9.1.5	Webによる行列の計算	177
	9.1.6	計算例	177

9.2	1 次独立	179
9.3	マルコフ連鎖（行列を使ったモデルの作成）	180
9.3.1	モデルの作成	180
9.3.2	各期の人数の計算	182
9.3.3	各期の人数の変化	183
9.3.4	定常状態ベクトルが存在する条件（参考）	183
9.4	固有値	185
9.4.1	固有値とは	185
9.4.2	最初から定常状態にするには	186
9.4.3	固有値計算 Web	187
9.5	株式ポートフォリオ分析	189
9.5.1	分散投資とリスク	189
9.5.2	分散の行列表現	192
9.5.3	Web によるポートフォリオの分析	193

第 10 章　付録　　　　　　　　　　　　　　　　　　　　　　　197

10.1	関数の極限	197
10.2	変化率，微分係数，導関数	199
10.3	多変数関数，偏微分係数，偏導関数	200
10.4	最小 2 乗回帰直線	207
10.5	定積分	209
10.6	行列	213
10.7	逆行列	214
10.8	固有値・固有ベクトル・対角化	215

索引　　　　　　　　　　　　　　　　　　　　　　　　　　　219

第1章

数の世界

学習の目標

✎ 数の種類を考えてみよう.

✎ 比・割り算の意味をもう一度考えよう.

✎ 分数の計算を確認しよう.

✎ 数学の記号の意味を思い出し，約束を使えるようにしよう.

✎ 増減率の計算をできるようになろう.

✎ 添え字を使った計算に慣れよう.

✎ フローとストックの概念を理解し，計算できるようになろう.

1.1 数の種類

1.1.1 整数

整数の仲間をまとめてみましょう.

整数 これは，$1, 2, 3$ のように 1 ずつ増えたり，$0, -1, -2$ のように 1 ずつ
減ったりする数です.

$$\cdots, -5, -4, -3, -2, -1, 0, 1, 2, 3, 4, 5, \cdots$$

自然数（正の整数） 自然数は，1 からはじまる整数をいいます.

$$1, 2, 3, 4, 5, \cdots$$

負の整数 整数のうち，負のものをいいます.

$$-1, -2, -3, -4, -5, \cdots$$

非負の整数 0 と自然数をいいます.

$$0, 1, 2, 3, 4, 5, \cdots$$

0 を含めるか含めないかで正の整数，非負の整数を区別しますので注意
してください.

整数はつながっていません．ある整数とある整数との間に整数がないこと
があります．たとえば 1 と 2 の間の整数は存在しません．この意味で，整数
は**離散値**であるといわれています.

1.1.2 実数

実数は，皆さんが普通に使っている数で，大小関係があり，四則演算がで
き，つながっている数をいいます．その意味で，実数は**連続値**であるといわ

1.2 比と割り算　　　　　　　　　　　　　　　　　　　　　　　　　3

れています．つながっているという意味は，異なる 2 つの実数の間に必ず他
の実数が無数に存在するということです．たとえば，1.00 と 1.01 の間には，
1.005 など無数の値が存在します．

有理数　実数の一部で，分数で表せる数です．a を整数，b を 0 以外の整数
として，$\dfrac{a}{b}$ で表せる数です．$\dfrac{3}{5}$ や，$123 = \dfrac{123}{1}$ などがあてはまります．
循環小数も有理数です（例：$0.\dot{1}2\dot{3} = 0.123123123\cdots = \dfrac{123}{999}$）．

無理数　有理数以外の実数をいい，π(円周率)，$\sqrt{2}$, $\log_2 3$ などが無理数です．

練習問題 1.1

次の数があてはまるところに○をつけなさい．

	整数	自然数	負の整数	非負の整数	実数	有理数	無理数
5							
−2							
0							
$\dfrac{7}{3}$							
3.14							
-3π							

1.2　比と割り算

割り算は，簡単なように思えますが，割り算の意味を知らない人が結構た
くさんいます．大人（大学生を含む）でも多くの人が実は理解をしていま
せん．

1.2.1 簡単な問題

リンゴが 6 個あります．3 人で平等に分けると 1 人あたり何個になりますか？

これは，簡単に 2 個だとわかると思います．2 個×3 山＝6 個 なので，2 個の山が 3 山あるので，1 人あたり 2 個になります．または，$6 \div 3 = 2$ と計算したかもしれません．それでは問題文を少しだけ変えて考えてみます．

人数が 3 人に対してリンゴが 6 個あります．これと同じ割合で，人数が 1 人のときリンゴはいくつになるでしょうか？

比を使って考えます．リンゴと人の比，「リンゴの個数：人数」は，人が 3 人の場合も 1 人の場合も同じであるので，

$$6 : 3 = x : 1$$

となります．x は 1 人の場合のリンゴの個数です．ただし，比で表現できるためには，同じ割合（問題文では「平等に分ける」）でなくてはなりません．

比を計算するとき，比の左右に同じ数をかけても割っても比の値は等しいです（ただし，0 をかけたり，0 で割ってはいけません）．

$$6 : 3$$
両側を 3 で割ると
$$= (6 \div 3) : (3 \div 3)$$
$$= 2 : 1$$

つまり，$6 : 3 = 2 : 1$ ですから，$x = 2$ となり，1 人あたり 2 個になります．これは，$6 \div 3$ の計算になります．

1.2.2 直感的にはわからない問題

$\dfrac{7}{13}$ 分間で，$\dfrac{3}{5}$ リットル出る水道があります．この水道は，1 分あたり何リットル出る水道でしょうか？

これも，1 分あたりに出る水の量を x とおいて，比を使って考えます．$\dfrac{7}{13}$ 分間と $\dfrac{3}{5}$ リットルの比 $\dfrac{7}{13} : \dfrac{3}{5}$ を考えます．1 分間の場合は，$1 : x$ になります．水道は同じ割合で水が出ると考えるので，$\dfrac{7}{13}$ 分間の場合の比と 1 分間の比は等しいとします．すなわち，

$$\frac{7}{13} : \frac{3}{5} = 1 : x$$

このときの x を求めることになります．

$$\frac{7}{13} : \frac{3}{5}$$
両側に 13 をかける．
$$= 7 : \frac{3}{5} \times 13$$
両側を 7 で割る．
$$= 1 : \frac{3}{5} \times 13 \div 7$$
$$= 1 : \frac{3 \times 13}{5 \times 7}$$

となり，$x = \dfrac{3 \times 13}{5 \times 7} = \dfrac{39}{35}$ となります．これは，$\dfrac{3}{5} \div \dfrac{7}{13}$ の計算になります．

1.2.3 割り算の意味

割り算の意味： 比を同じにしたまま片方を 1 にしたとき，もう片方がいくつになるのかを求める．

- b を 1 にしたときの a を求めるのが，$a \div b$
- a を 1 にしたときの b を求めるのが，$b \div a$

ある県の中学生の生徒数は 38,176 人 (a) で，教員数は 2,386 人 (b) です．この例で考えてみましょう．

教員 1 人あたりの生徒数　比を使い，教員 1 人あたりの生徒数を x とすると，$38176 : 2386 = x : 1$ となる x を求めるので，

$$38176 : 2386 = \frac{38176}{2386} : \frac{2386}{2386} = 16 : 1$$

となり，16 人となります．割り算で求めるときは，1 にする教員数 (b) で割ります．

$$a \div b = 38176 \div 2386 = 16$$

生徒 1 人あたりの教員数　生徒 1 人あたりの教員数を y とすると，$38176 : 2386 = 1 : y$ となる y を求めることになります．比の両側を 38176 で割ると，

$$38176 : 2386 = 1 : \frac{2386}{38176} = 1 : 0.0625$$

となります．割り算の場合，次式になります．

$$b \div a = 2386 \div 38176 = 0.0625$$

1.2.4　単位が異なるとき

単位が異なるときは，単位を考えて計算しなくてはなりません．

人口 3,825 人の町で，インフルエンザに罹った人は 306 人でした．この町でインフルエンザに罹った人は，1 万人につき何人でしょうか？

1.2 比と割り算 **7**

　今年この町でインフルエンザに罹った人が 1 万人につき何人かを x で表し，$3825:306$ と $10000:x$ の比が等しくなる x を求めます．

$$3825:306$$
両側を 10000 倍して
$$=38250000:3060000$$
両側を 3825 で割る
$$=(38250000 \div 3825):(3060000 \div 3825)$$
$$=10000:800$$

　割り算では，人口の 3825 人を万人の単位に変え，0.3825 万人にします．

$$306 \div 0.3825 = 800$$

人口 1 万人あたり何人なので，人口は万人単位，罹患者は 1 人単位のままにします．これは，1 万人を 1 にしたとき，罹患者がいくつになるのかを求めたものです．

練習問題 1.2

(1) 車が一定の速度で走っています．$\dfrac{3}{4}$ 分間かかって，462m 進みました．この車の速度（分速：1 分あたり進む距離）を求めなさい．

(2) ある市の人口は 77,400 人で，今年生まれた子供の数（出生数）は，1,161 人でした．この市の 10 万人あたりの出生数は，いくつでしょうか？

(3) 次の表は，各都県の面積と人口です．

	面積 (単位:km²)	人口 (単位:千人)
埼玉	3,767	6,979
千葉	4,996	5,968
東京	2,102	12,141
神奈川	2,415	8,571

（a）1km^2 あたりの人口（人），すなわち人口密度を求めましょう（小数第 1 位を四捨五入）．人口の単位が千人であることに注意．

（b）1 人あたりの面積を求めましょう（m^2 で求め，小数第 1 位を四捨五入）．ただし，1km^2 = 1,000m × 1,000m = 1,000,000m^2 です．

(4) $\dfrac{3}{4}$ 年間に $\dfrac{21}{16}$t の薬品を生産しました．1 年あたりの生産量が，次式であることを比を使って説明しなさい．

$$\frac{21}{16} \times \frac{4}{3} = \frac{7}{4}(\text{t})$$

1.3 分数の計算

1.3.1 分数とは

$\dfrac{a}{b}$ の a は**分子**，b は**分母**と呼ばれており，$\dfrac{a}{b}$ は，1 を b 個に分割したものが a 個あることを示しています．$\dfrac{2}{3}$ は，1 を 3 つに分割したものが 2 つあることを表しています．ただし，分母を 0 にすることは定義されていません（ゼロ除算は未定義）．

1.3.2 乗算・除算

■**分数どうしのかけ算**　分数のかけ算は，分子どうしと分母どうしのかけ算を行います．

$$\frac{a}{b} \times \frac{c}{d} = \frac{a \times c}{b \times d}$$

となります（ただし，b と d は，0 ではないとします）．たとえば，

$$\frac{2}{3} \times \frac{4}{5} = \frac{2 \times 4}{3 \times 5} = \frac{8}{15}$$

となります．

1.3 分数の計算　　　　　　　　　　　　　　　　　　　　　　　　　　　　**9**

■**分数どうしの割り算**　分数の割り算は，割る方の分数の分母と分子を入れ替え，かけ算を行います（ただし，b，c，d は，0 ではないとします）．

$$\frac{a}{b} \div \frac{c}{d} = \frac{a}{b} \times \frac{d}{c}$$

$$\frac{2}{3} \div \frac{4}{5} = \frac{2}{3} \times \frac{5}{4} = \frac{10}{12}$$

1.3.3　分数の性質

■**分母と分子に同じ数をかけてもよい**　分数では，分母と分子に 0 以外の同じ数をかけても値は同じになります（$b, c \neq 0$）．

$$\frac{a}{b} = \frac{a \times c}{b \times c}$$

たとえば，分母と分子に 2 をかけて

$$\frac{2}{3} = \frac{2 \times 2}{3 \times 2} = \frac{4}{6}$$

となります．これは，1 を 3 つに分けた 2 つ分と，1 を 6 つに分けた 4 つ分は同じになることからわかります．

　同様に，分母と分子を 0 以外の同じ数で割っても値は変わりません．

■**約分**　0 以外の同じ数で割れるという性質を利用して約分ができます．

$$\frac{8}{12} = \frac{8 \div 4}{12 \div 4} = \frac{2}{3}$$

■**分数のたし算，ひき算**　分数のたし算，ひき算は，分母を同じ数にそろえて計算しなくてはなりません．違う分母で計算してはいけません．たとえば，$\frac{2}{3} + \frac{4}{5}$ を求めるとき，片方は，1 を 3 で割ったものの集まり，もう片方は，1 を 5 で割ったものの集まりで，単純にはたすことができません．そこで，同じ数をかけてもよいという性質を利用して，分母を同じ数にそろえます．

$$\frac{2}{3} \quad \rightarrow \quad 分母と分子を 5 倍 \quad \rightarrow \quad \frac{10}{15}$$

$$\frac{4}{5} \quad \rightarrow \quad 分母と分子を 3 倍 \quad \rightarrow \quad \frac{12}{15}$$

というように分母を 15（1 を 15 個に分割したもの）にそろえ,

$$\frac{2}{3} + \frac{4}{5} = \frac{10}{15} + \frac{12}{15} = \frac{22}{15}$$

のように計算します. 一般には, 次のようにして行います.

$$\frac{a}{b} + \frac{c}{d} = \frac{a \times d}{b \times d} + \frac{b \times c}{b \times d} = \frac{a \times d + b \times c}{b \times d}$$

ひき算も同様に, 次のように行います.

$$\frac{5}{7} - \frac{1}{2} = \frac{5 \times 2}{7 \times 2} - \frac{1 \times 7}{2 \times 7} = \frac{10 - 7}{14} = \frac{3}{14}$$

1.4 数学の記号と意味

正負記号 ＋と－で正と負を表します. ＋は省略されることもあります.

絶対値 実数 a の絶対値は $|a|$ で表します. 絶対値は, a のゼロ（原点）からの距離を表します. たとえば, $|-5| = 5$, $|11| = 11$ となります.

等号・不等号 等号や不等号は, 次のような意味を表します.

記号	意味	例
=	左右両辺は等しい	$0.5 = \dfrac{1}{2}$
>	左辺は右辺より大きい	$0.8 > 0.5$
≧	左辺は右辺より大きいか等しい	$0.8 \geqq \dfrac{1}{2},\ \dfrac{1}{2} \geqq 0.5$

べき乗 (a^n) の意味　n を自然数とします．a^n は，a を n 回かけたものになります．たとえば 2^8 は，$2 \times 2 \times 2 \times 2 \times 2 \times 2 \times 2 \times 2 = 256$ になります．べき乗を考えるとき，a は 0 以外の実数とします．n が 0 のとき，a がどのような値でも 1 になります．$10^0 = (-5)^0 = 2.856^0 = 1$ です．

平方根 ($\sqrt{a}$)　a, b を非負の実数とします．$\sqrt{a}$ は，$b^2 = a$ となる正の実数 b を表します．つまり，$b = \sqrt{a}$ です．たとえば，$4 \times 4 = 16$ より，$\sqrt{16} = 4$，$9 \times 9 = 81$ より，$\sqrt{81} = 9$，$\sqrt{2} = 1.4142 \cdots$ となります．なお，$\sqrt{2}$ は無理数で，多くの平方根は無理数になります．また，$c^2 = a$ となる c には，$c = \sqrt{a}$ と $c = -\sqrt{a}$ の 2 つがあります．たとえば，$c^2 = 16$ ならば，$c = \sqrt{16} = 4$ と，$c = -\sqrt{16} = -4$ が成り立ちます．$c = \sqrt{a}$ と $c = -\sqrt{a}$ をまとめて，$c = \pm\sqrt{a}$ と表現することがあります．

数の指数 (Exponent) 表示　大きな数や 0 に近い小さな数を表すときに，1.2E6 や 1.2E + 6 といった指数表示を使うことがあります．この方法はコンピュータでの数値の表現によく使われます．1.2E6 は，

$$1.2 \times 10^6 = 1.2 \times 1000000 = 1200000$$

となります．また，5.3E–2 は，$10^{-n} = \dfrac{1}{10^n}$ となるので（6.1 節で学習），

$$5.3 \times 10^{-2} = 5.3 \times \frac{1}{10^2} = 5.3 \times \frac{1}{100} = 0.053$$

となります．したがって，$x\mathrm{E}n = x \times 10^n$ で計算します．実際には，n が正 ($n > 0$) のときは，小数点を n 個右に移動させ，n が負 ($n < 0$) のときは，小数点を左に $-n$ 個移動させます．

1.5　数学での約束

　数学の約束のうち，比較的多くの人が忘れていることを復習します．

■**0 で割り算をしてはいけない**　これは，さんざん教えられたと思いますが，特に変数を使うときは注意しなければなりません．

12   第 1 章 数の世界

■等式のとき両辺に同じ実数をかけても等式は成立する

$$a = b$$
$$5 \times a = 5 \times b$$

ただし，割り算をするときは，0 以外の実数で割らなくてはなりません．実は，割り算は逆数をかけることに注意しましょう．逆数がない数は「0」なので「0 の逆数」はかけられず，つまり，「0」では割れません．

$$a = b$$
$$a \div 2 = b \div 2$$

■両辺に同じ実数をたしても等式は成立する

$$a = b$$
$$a + 10 = b + 10$$

■**不等式と負の数**　不等式の場合の式の計算方法は，等式の場合と若干異なります．両辺に同じ実数をかける場合，かける実数が正の場合と負の場合で異なり，正の数をかける場合は等号の場合と同じように扱えます．

$$3 > 2$$
$$3 \times 5 > 2 \times 5$$
$$15 > 10$$

負の数をかける場合，不等号の向きは逆にします．

$$3 > 2$$
$$3 \times -5 < 2 \times -5$$
$$-15 < -10$$

$\geqq$ の場合は $=$ を含めたまま $\leqq$ に変わります．

練習問題 1.3

(1) 分数の計算：次の分数の計算をしなさい．

$$\frac{3}{5} + \frac{2}{3} = \qquad\qquad \frac{3}{7} - \frac{1}{3} =$$

1.6 前回比，増減率 13

(2) 指数表示：次の数を普通の小数で表記しなさい．

$$1.37\text{E}5 = \qquad 1.37\text{E}-3 =$$

(3) 式の変形：次の式の変形は正しいでしょうか？　間違っているのでしょうか？　間違っている場合，どこが間違っているのか指摘しなさい．
$a = 10,\ b = 10$ とします．

$$a = b$$
両辺を 4 倍します．
$$4a = 4b$$
$$2a + 2a = 2b + 2b$$
$2a$ を左辺から右辺へ，$2b$ を右辺から左辺へ移項します．
$$2a - 2b = 2b - 2a$$
両辺を整理すると
$$2(a - b) = -2(a - b)$$
両辺の共通項 $(a - b)$ で割ると
$$2 = -2$$

1.6 前回比，増減率

表 **1.1** は，1955 年から 5 年ごとの日本の人口の推移です．日本の人口は増大していますが，その増加の割合が鈍っていることが読み取れます．

そこで，各年がその 5 年前の値と比べて，どれくらい増大しているかの倍数を求めてみましょう．

1960 年の人口が，1955 年の人口に比べて何倍になったのかを求めます．

$$\frac{1960 \text{ 年の人口}}{1955 \text{ 年の人口}} = \frac{94302}{90077} = 1.0469$$

この 1.0469 倍を「前○○比」と呼んでいます．1 年ごとの倍数なら，「前年比」，月ごとなら，「前月比」，1 期，2 期などの期ごとならば，「前期比」と

表 1.1：日本の総人口（単位：千人）

年	総人口	年	総人口
1955 年	90,077	1985 年	121,049
1960 年	94,302	1990 年	123,611
1965 年	99,209	1995 年	125,570
1970 年	104,665	2000 年	126,926
1975 年	111,940	2005 年	127,768
1980 年	117,060	2010 年	128,057

呼びます．表 1.1 は 5 年ごとで適当な言葉がないので，ここでは「前回比」
と呼びます．

　この前回比が，1 より大きければ，人口が増大していて，1 より小さければ人口が減少していることになります．

　次に，どれくらい増えたか，もしくは減ったかの割合を計算してみましょう．1960 年の 1955 年からの増減数を，次式で求めます．

1960 年の 1955 年からの増減数 = 1960 年の人口 − 1955 年の人口 = 4225

　この増減数は，もとの値（1955 年の値）の大きさによって意味が異なってきます．たとえば，人口 100 万人から 110 万人に増えたときの 10 万人の増加と，人口 1000 万人から 1010 万人に増えたときの 10 万人の増加では，意味が異なります．そこで，元の人口に対する増加数の比率を使います．100万人から 110 万人は，10 万人 /100 万人 = 0.1 となり，0.1 (10%) の増大，1000 万人から 1010 万人は，10 万人 /1000 万人 = 0.01 となり，0.01 (1%) の増大となり，意味が異なることは明らかです．

　このどれくらい増えたかの比率を，**増減率**と呼びます．日本の人口の例での 1960 年の増減率は，「1960 年の 1955 年からの増減数」と「1955 年の人口」の比です．「1955 年の人口」を 1 にしたとき，「1960 年の 1955 年からの増減数」がいくつになるかを表しています．

1.6 前回比，増減率 **15**

$$1960 \text{ 年の増減率} = \frac{1960 \text{ 年の } 1955 \text{ 年からの増減数}}{1955 \text{ 年の人口}}$$

$$= \frac{1960 \text{ 年の人口} - 1955 \text{ 年の人口}}{1955 \text{ 年の人口}} = \frac{94302 - 90077}{90077} = 0.0469$$

これを%表記に直すと，100 倍して%をつけ，4.69%になります．

前回比の倍率がわかっていれば，

$$1960 \text{ 年の増減率} = \frac{1960 \text{ 年の } 1955 \text{ 年からの増減数}}{1955 \text{ 年の人口}}$$

$$= \frac{1960 \text{ 年の人口} - 1955 \text{ 年の人口}}{1955 \text{ 年の人口}}$$

$$= \frac{1960 \text{ 年の人口}}{1955 \text{ 年の人口}} - \frac{1955 \text{ 年の人口}}{1955 \text{ 年の人口}}$$

$$= 1.0469 - 1 = 0.0469 = 4.69\%$$

というようになり，

$$\text{増減率 (\%)} = (\text{ 前回比} - 1) \times 100$$

で計算できます．

この増減率は，**成長率**と呼ばれることもあります．また，「5 年前に比べて 4.69%の増加」，「前回比 4.69%の増加」とも表現されることがあります．もし，人口が減少して，100 万人から 90 万人に減少した場合，増減率 = $(90 - 100)/100 = -0.1$ となり，増減率は -10% となります．このことは，「5 年前に比べて 10%の減少」と表現されます．

練習問題 1.4

表 1.2 で空欄となっている前回比と増減率を求めなさい．ただし，1955 年の前回比と増減率は，比較元になる 1950 年の値が不明なので，この表だけからでは計算できません．

表 1.2：日本の人口（計算用）

年	日本の総人口	前回比	増減率
1955 年	90,077	—	—
1960 年	94,302	1.0469	4.69%
1965 年	99,209		
1970 年	104,665		
1975 年	111,940		
1980 年	117,060		
1985 年	121,049		
1990 年	123,611		
1995 年	125,570		
2000 年	126,926		
2005 年	127,768		
2010 年	128,057		
2015 年	127,095		

1.7 添え字と合計

1.7.1 添え字

しばしば表 1.3 のように，各都県に番号をつけて分析に用います．たとえば，茨城県を 1，栃木県を 2，$\cdots$，神奈川県を 7 というようにします．また，総従業者数を x としたとき，茨城県の総従業者数を x_1，栃木県の総従業者数を x_2，$\cdots$，神奈川県の総従業者数を x_7 というように表記します．この変数 x の右下についた小さな数字は添え字と呼ばれています．

1.7 添え字と合計 **17**

この表 1.3 は，関東の都県の総従業員数（単位：千人）のデータ [1] です．以下の分析は表計算ソフトウェアなどで簡単に行うことができます．ここでは，添え字を使ってどのように分析するかを検討してみましょう．

表 1.3：関東地方の都県別従業者数（2012 年，単位：千人）

No.		都県名	総従業者数	No.		都県名	総従業者数
1	x_1	茨城	1,229	5	x_5	千葉	2,053
2	x_2	栃木	873	6	x_6	東京	8,749
3	x_3	群馬	884	7	x_7	神奈川	3,396
4	x_4	埼玉	2,506				

添え字は，x_i というように，添え字も変数（この場合 i）を使うことがあります．何番目かを表す整数 (integer) の添え字には i がよく用いられます．総従業者数はすべて非負なので，$x_1 \geqq 0$, $x_2 \geqq 0$, $\cdots$, $x_7 \geqq 0$ です．このことをまとめて次のように書きます．

$$x_i \geqq 0, \ i = 1, \cdots, 7$$

1.7.2 $\sum$ を使った計算：合計

表 1.3 の従業者数の合計を計算しましょう．添え字を使って表現すると，

$$x_1 + x_2 + \cdots + x_7$$

となります．このような式を，

$$\sum_{i=1}^{7} x_i$$

---

[1] 出典：「日本の統計 2013」，総務省統計局 第 6 章企業活動

と書きます．$\sum$ は「シグマ」と読みます．これは，x_i の i を 1 から 7 まで変化させて，その和を計算するという式です．$\sum$ の下の $i=1$ は，i を 1 からはじめることを意味し，$\sum$ の上の 7 は，7 まで i を変えていくことを意味します．また i は 1 ずつ増やしていくという約束があります．

したがって，$\displaystyle\sum_{i=2}^{5} x_i$ の場合は，

$$\sum_{i=2}^{5} x_i = x_2 + x_3 + x_4 + x_5 = 6,316$$

となります．

表 1.3 の場合の都道府県の数は 7 ですが，分析によって都道府県の数が変わる場合があります．その場合，対象としている都道府県の数を変数 n として表し，次のように書きます．

$$\sum_{i=1}^{n} x_i$$

n と x_i の値が決まると具体的に計算することができます．

1.8　フローとストック

■水槽の例（流入量と流出量）　水槽に，水が流入したり，汲み出され（流出）たりしているとします．最初は空で，わき水が流入し，必要に応じて汲み出しているとします．水槽にたまっている水の量を貯水量と呼ぶことにします．表 **1.4** は，その変化を表したものです．

表 1.4 では，1 日目は 5 リットル流入し，3 リットル流出しています．したがって，貯水量は 2 リットル増加しています．1 日目の流入量は，$x_1 = 5$，流出量は $y_1 = 3$，増減は $z_1 = 2$ となり，式で書くと，

$$z_1 = x_1 - y_1 = 5 - 3 = 2$$

1.8 フローとストック

表 1.4：水槽の変化（単位：リットル）

i 日	流入量 (x_i)	流出量 (y_i)	増減量 (z_i)	貯水量 (s_i)
0	—	—	—	0
1	5	3	2	2
2	8	4	4	6
3	3	5	−2	4
4	1	2	−1	3
5	0	2	−2	1

となります．2 日目は 8 リットル流入し，4 リットル流出しています．

$$z_2 = x_2 - y_2 = 8 - 4 = 4$$

となり，増減量 4 リットルの増加．3 日目は，

$$z_3 = x_3 - y_3 = 3 - 5 = -2$$

となり，この日は 2 リットル減少（−2 リットルの増加）となります．

4 日目以降も同様の計算ができ，記号を使った表現では，x, y, z の添え字が 1, 2, 3, 4, 5 と変化します．そこで，添え字を i という変数で置き換え，

$$z_i = x_i - y_i, \quad i = 1, \cdots, 5$$

と表現し，$i = 1, \cdots, 5$ は i を 1, 2, 3, 4, 5 と変化させることを意味します．

次に貯水量を計算してみます．最初（0 日目）は空 (0) なので，$s_0 = 0$ となりますが，1 日目の貯水量 s_1 は，初期値 s_0 と 1 日目の増減量 z_1 を加えた量になります．

$$s_1 = s_0 + z_1$$

2 日目の貯水量 s_2 は，前の日の貯水量 s_1 に，2 日目の水の増減量 z_i を加えた値，

$$s_2 = s_1 + z_2$$

となります. 3 日目以降も同じで,

$$s_3 = s_2 + z_3$$
$$s_4 = s_3 + z_4$$
$$s_5 = s_4 + z_5$$

となります. s_2 から s_5 の計算式はほぼ同じで, i を使うと,

$$s_i = s_{i-1} + z_i$$

となります. s_{i-1} は, 1 つ前の期の値を表すもので, i が 2 のとき 1 を, i が 3 のとき 2 を表すように 1 減らします.

　s_1 の計算式は他の式と異なります. 同じ式で表すと, $s_1 = s_0 + z_1$ となります. $s_0 = 0$ なので, $s_1 = z_1$ と同じになります. そこで, $s_0 = 0$ とすれば, 同じ式になるので,

$$s_i = s_{i-1} + z_i, \quad i = 1, \cdots, 5 \ (ただし, s_0 = 0)$$

と書くことができます. s_0 のように, 計算の最初の値は**初期値**と呼ばれています.

　この s_i は, 初期値に z_i をたし合わせたもので, たとえば 3 日目の貯水量は, 1 日目の増減量, 2 日目の増減量, 3 日目の増減量の和になっているので,

$$s_3 = s_0 + z_1 + z_2 + z_3 = s_0 + \sum_{i=1}^{3} z_i$$

となります. 同じように, i 日目の水の量は, 初期値と 1 日目から i 日目までの増減量の合計に和になっています.

$$s_i = s_0 + z_1 + \cdots + z_i = s_0 + \sum_{j=1}^{i} z_j$$

1.8 フローとストック **21**

となります．ここで，i は s_i で使っているので，$\sum$ の中では i の代わりに j を使っています．

　増減量 (z_i) などの一定期間（1 日）の**変化量**（流れ）を **フロー** と呼んでいます．貯水量 (s_i) など，蓄積される値を **ストック** と呼びます．

　毎日，貯水量 (s_i) は増減量 (z_i) だけ変化します．この意味で，フローはストックの変化量になります，また，貯水量 (s_i) は，初期値とそれまでの増減量の和 $(s_0 + \sum_{j=1}^{i} z_j)$ でした．その意味で，ストックはフローの**累積変化量**になります．

　会計との関連では，フローが損益計算書の科目，ストックが貸借対照表の科目に相当します．たとえば，毎年の減価償却費がフローとして損益計算書に計上され，その累積値が貸借対照表の減価償却費累計額です．

表 1.5：ある団体の収入と支出（単位：百万円）

i	年	収入 (x_i)	支出 (y_i)	収支差額 (z_i)	累積値 (s_i)
1	2000	1,898	1,965	−67	−67
2	2001	2,266	2,135	131	64
3	2002	2,591	2,385	206	270
4	2003	3,178	2,583	595	865
5	2004	3,689	2,880	809	1,674
6	2005	3,225	2,720	505	2,179
7	2006	2,867	2,802	65	2,244
8	2007	2,500	2,841		
9	2008	2,250	2,842		
10	2009	2,042	2,880		
11	2010	1,788	2,865		

■**収支計算**（設立時から）　表 1.5 は，ある団体の収入と支出（単位：百万

円）です．収入が流入量，支出が流出量，収支差額が増減量に対応します．
2000 年の i を 1 とすると，2000 年の収入は x_1 となります．**収支差額**（z_i）
は，収入から支出をひいた額，

$$z_i = x_i - y_i$$

になります．収支差額は，単に「収支」と呼ばれたり，「○○収支」と呼ばれ
ます．

　次に，累積値を計算してみます．この団体は 2000 年に設立されたとする
と，設立以前の累積値は 0 となるので $s_0 = 0$ とします．2000 年は，-67 百
万円の収支差額なので，$s_1 = s_0 + z_1 = -67$ となります．数式で表現すると

$$s_i = s_{i-1} + z_i \,(\text{ただし}, s_0 = 0)$$

となります．この場合の累積値は，収支差額の累積値なので「累積収支差
額」「収支差額累計値」「累積黒字」「累積赤字」と呼ばれます．

　この収支計算の場合，フローは毎年の変化量である収支差額（z_i）になり，
ストックは累積値（s_i）になります．

■**収支計算（途中から）**　表 1.5 の団体が 2000 年以前に設立されたとし
ます．その場合，1999 年までの累積値がわかれば，2000 年以降の累積値
がわかります．1999 年の累積値を 1821 とします．1999 年が $i = 0$ の年
になるので，$s_0 = 1821$ となります．$s_1 = s_0 + z_1 = 1821 + (-67) = 1754$，
$s_2 = s_1 + z_2 = 1754 + 131 = 1885$ となります．

練習問題 1.5

(1) 表 1.5 を完成させましょう．

(2) $s_0 = 2000$ としたときの s_1，s_2 を求めましょう．

(3) $s_0 = -35$ としたときの s_2，s_3 を求めましょう．

第 2 章

データの表現とグラフ化

学習の目標

✎ 棒・円・帯グラフの意味を理解する.

✎ 折れ線グラフとデータの指数化を理解する.

✎ 代表値(平均や中央値)の意味や計算方法を理解する.

✎ クロス集計表がどのようなものか理解する.

✎ 度数分布表とヒストグラムの意味を理解する.

さまざまなデータをグラフ化（可視化）することにより，データを直感的に理解することができます．しかし，不適切な方法でグラフ化すると誤解を与えてしまうことがあります．逆に，意図的に不適切な方法でグラフ化されたデータを見て，誤解することもあります．

2.1 棒グラフ

棒グラフは，棒の高さが大きさを示し，大きさを比較するときに使います．図 2.1 は表 2.1 の関東の都県の県民所得[1]をグラフ化したものです[2]．

表 2.1: 関東の都県の 1 人あたりの県民所得（2009 年度，単位:千円）

茨城	栃木	群馬	埼玉	千葉	東京	神奈川
2,653	2,859	2,535	2,867	2,917	3,907	3,086

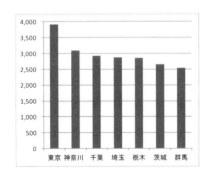 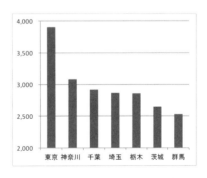

図 2.1: 棒グラフの例 1（関東の都県の 1 人あたりの県民所得，単位:千円）

図 2.1 左の縦軸は 0 から始まっていますが，一方で図 2.1 右の縦軸は 2,000 から始まっています．棒グラフは，「棒の高さが値の大きさを示すグラフ」

---

[1] 県民所得には，給与等の雇用者報酬，利子などの財産所得と企業所得からなり，個人所得以外にも企業所得も含みます．
[2] 出典:「日本統計年鑑（2013 年度版）」総務省統計局，第 3 章 国民経済計算

です．図 2.1 右は，大きさの違いを読みやすくする効果はありますが，棒の高さが大きさを表していないので，群馬県の 1 人あたりの県民所得は東京都の $\frac{1}{4}$ 程度しかないという誤解を与えてしまいます．

図 **2.2** は，**表 2.2** の関東都県の児童生徒数[*3] を小学生，中学生，高校生別にグラフ化したものです．表 2.2 で，3 種類のデータ「小学生数」「中学生数」「高校生数」を**データ系列**と呼びます．また，各都県の値の組を**サンプル**と呼び，サンプルの数を**サンプルサイズ**と呼びます．図 2.2 は，**複数系列の棒グラフ**です．

表 **2.2**：関東の都県の児童生徒数（**2010** 年度，単位:千人）

	小学生	中学生	高校生
茨城	165	86	80
栃木	111	57	56
群馬	114	59	54
埼玉	391	198	176
千葉	335	166	149
東京	592	312	314
神奈川	482	235	198

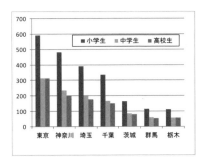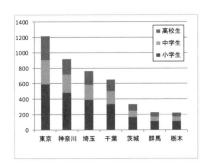

図 **2.2**：棒グラフの例 2（関東都県の児童生徒数，**2010** 年度，単位:千人）

[*3] 出典：「日本の統計 2013」，総務省統計局 第 22 章 教育

図 **2.2** 左は，各系列をそれぞれ棒にしたグラフで，**集合棒**グラフと呼ばれており，各都県の各系列の値の比較ができます．たとえば，埼玉，千葉，神奈川では，中学生数に比べて高校生数が少ないのに対して，東京は高校生数が多いことがわかります．図 **2.2** 右は，**積み上げ棒**グラフと呼ばれており，各系列の値を合計した値が棒の高さになっており，各系列の値はその内訳として表示されます．

練習問題 **2.1**

次節冒頭の**表 2.3** の関東の都県（全国を除く）の第 1 次産業の就業者数を棒グラフで表現しましょう．

2.2 円グラフと帯グラフ

表 2.3 は，関東地方の都県と全国の第 1 次産業，第 2 次産業，第 3 次産業および公務への従業者数の表です [*4]．各都県でどのような構成割合になっているのか比較する場合には，**円**グラフまたは**帯**グラフを作成します．

表 **2.3**：関東地方の都県と全国の第 1 次産業，第 2 次産業，第 3 次産業および公務への従業者数（**2010** 年，単位:千人）

	第 1 次産業	第 2 次産業	第 3 次産業	公務
茨城	83	407	809	48
栃木	55	304	551	29
群馬	52	303	554	29
埼玉	58	832	2,225	113
千葉	83	571	1,959	103
東京	23	931	4,074	164
神奈川	35	910	2,879	120
全国	2,382	14,407	37,346	2,016

[*4] 出典:「日本の統計 2013」，総務省統計局 第 16 章 労働・賃金

2.2 円グラフと帯グラフ

円グラフは，扇形の面積により構成割合を比較するものです．帯グラフは，全体の帯の長さ（面積）を 100%にし，各構成割合を長さで表しています．図 **2.3** はそのグラフです．

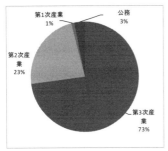 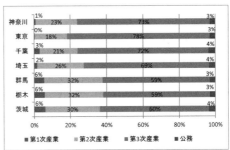

図 **2.3**：左：円グラフ（神奈川県の産業別従事者の構成）
　　　　右：帯グラフ（関東の都県の産業別従事者の構成）

円，帯グラフを作成するには，構成割合を求めます．まず，**表 2.4** のように，神奈川県の各産業分類の合計は 3,944 となります．第 1 次産業の構成割合は，第 1 次産業の値 35 を合計 3,944 で割った値，$\frac{35}{3944} = 0.00887\ldots$ となり，パーセント表記にするために 100 倍し，0.887... %となります．ここでは，小数第 1 位を四捨五入して 1%と表記します．同様に第 2 次産業は，$\frac{910}{3944} = 0.23073\ldots \to 23\%$ となります．円グラフを作成するには，360 倍して角度を求めます．たとえば，第 3 次産業は $\frac{2879}{3944} = 0.72996\ldots$ なので，これを 360 倍して 262.78904...，そして小数第 1 位を四捨五入して 263 度としました．

表 2.4：神奈川県の計算

	第 1 次産業	第 2 次産業	第 3 次産業	公務	合計
元のデータ	35	910	2,879	120	3,944
構成割合	1%	23%	73%	3%	100%
角度	3°	83°	263°	11°	360°

28   第 2 章　データの表現とグラフ化

練習問題 **2.2**

　表 2.3 における全国の産業別就業者数の構成割合を円グラフと帯グラフで
表現しましょう.

2.3　折れ線グラフ

　外国為替レート，株価，人口，GDP など，時間（秒，日，月，年）とともに
変化するデータを**時系列データ**といいます.時系列データを可視化するグラ
フは，**折れ線グラフ**を使います.横軸に時間をとり，縦軸に変化する値をと
ります.折れ線グラフを描くときの注意として，横軸の時間の 1 目盛りは，
いつも同じ間隔になるようにします.たとえば，1 目盛り 1 年としたら，ど
こでも 1 目盛り 1 年になるように描きます.

　表 2.5 は，「日本の統計 2013」の第 2 章，2-1，人口の推移と将来人口から
作成しました.この資料は，年は和暦で表示され，過去 10 年分は毎年，そ
れより以前はほぼ 5 年おきにデータが提示されています.

表 **2.5**：日本の人口（単位：千人）

和暦	西暦	人口	和暦	西暦	人口
昭和 25 年	1950	84,115	平成 14 年	2002	127,486
昭和 30 年	1955	90,077	平成 15 年	2003	127,694
昭和 35 年	1960	94,302	平成 16 年	2004	127,787
昭和 40 年	1965	99,209	平成 17 年	2005	127,768
昭和 45 年	1970	104,665	平成 18 年	2006	127,901
昭和 50 年	1975	111,940	平成 19 年	2007	128,033
昭和 55 年	1980	117,060	平成 20 年	2008	128,084
昭和 60 年	1985	121,049	平成 21 年	2009	128,032
平成 2 年	1990	123,611	平成 22 年	2010	128,057
平成 7 年	1995	125,570	平成 23 年	2011	127,799
平成 12 年	2000	126,926			

2.4 複数の系列のグラフ

図 2.4 左は，表計算ソフトウェアの折れ線グラフ機能を使って，横軸を和暦の年，縦軸を人口としたグラフです．ここで，多くの表計算ソフトウェアでは，和暦は数値ではなく，文字として扱われるのでおかしなことが起こります．昭和 25 年 (S25) と昭和 30 年 (S30) の間隔の 1 目盛りが 5 年の間隔を表し，平成 22 年 (H22) と平成 23 年 (H23) の間隔の 1 目盛りは 1 年の間隔を表してしまっています．図 2.4 右は，年を西暦（数値）にし，表計算ソフトウェアの散布図作成機能を使って描いたものです．2002 年以降，データの間隔が詰まっているのが確認できます．図 2.4 左では，間隔が 5 年から 1 年に変わる H12 ごろから増加がほぼ止まっているように見えますが，図 2.4 右を見ると緩やかに増加が止まっていることがわかります．

また，図 2.4 左は，縦軸が 50,000 から始まり，0 から始まっていません．棒グラフの場合と同様に誤解を与えるグラフになっています．高さが人口の大きさを示すものとすると，S25 から H12 くらいにかけて，人口が 2 倍になっていると誤解される恐れがあります．

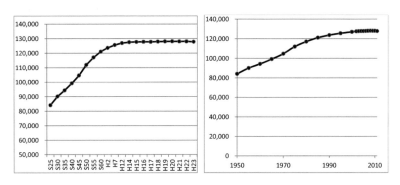

図 2.4：日本の人口（単位：千人，左：和暦表示，右：西暦表示）

2.4 複数の系列のグラフ

表 2.6 左は，日本，中国，米国，仏国（フランス）の 1950 年からの人口の変化です．各国のデータを折れ線グラフ化したものが図 2.5 左です．この

表 2.6：日中米仏の人口（左，単位：千人）と，1980 年を 100 とする指数（右）

	日本	中国	米国	仏国	日本	中国	米国	仏国
1950	84,115	550,771	157,813	41,832	72	56	69	78
1960	94,302	658,270	186,326	45,689	81	67	81	85
1970	104,665	814,623	209,464	50,763	89	83	91	94
1980	117,060	983,171	229,825	53,880	100	100	100	100
1990	123,611	1,145,195	253,339	56,708	106	116	110	105
2000	126,926	1,269,117	282,496	59,048	108	129	123	110
2010	128,057	1,341,335	310,384	62,787	109	136	135	117

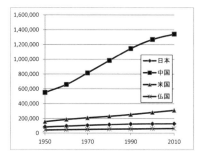
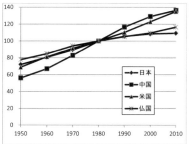

図 2.5：日中米仏の人口（左，単位：千人）と，1980 年を 100 とする指数（右）

グラフから，中国の人口が増えているのがわかるのですが，他の国（日本，米国，仏国）はグラフ下方にあり，変化があまりよくわかりません．このように，大きさが大きく異なる複数の系列でのデータの変化を比較したいとき，ある時点の値を 100 とする**指数 (index)** を計算して比較します．

指数を求めるにあたって，基準の時点（年）を決め，次の式で求めます．

$$t\ 年の指数 = \frac{t\ 年の値}{基準年の値} \times 100$$

ここでは，1980 年を基準年とします．日本の 1950 年の指数は，

$$日本の 1950 年の指数 = \frac{日本の 1950 年の値}{日本の 1980 年の値} \times 100$$

$$= \frac{84115}{117060} \times 100 = 71.86$$

となります．同様に米国の 2000 年の指数は，

$$米国の 2000 年の指数 = \frac{米国の 2000 年の値}{米国の 1980 年の値} \times 100$$

$$= \frac{282496}{229825} \times 100 = 122.92$$

となります．**表 2.6 右**は，1980 年基準の指数で，**図 2.5 右**は，それをグラフ化したものです．これを見ると，米国は 1990 年以降も人口が増えており，日本と仏国は 1980 年以降人口の増加は少ないが，仏国は 2000 年以降人口が増え始めていることがわかります．

練習問題 2.3

表 2.7 は，イタリアの人口の変化です．

表 2.7：イタリアの人口（単位：千人）

1950	1960	1970	1980	1990	2000	2010
46,367	49,519	53,325	56,221	56,832	56,986	60,551

(1) 折れ線グラフを作成しなさい．

(2) 1980 年を基準年とする各年の指数を求めなさい．

練習問題 2.4

上場会社（2 社）の過去 5 期の業績を調べ，指数化し，比較しなさい．

(1) 会社情報を調べます（たとえば，日本経済新聞社のサイト「日経会社情報 DIGITAL」など）．

(2) 同じ業種の 2 社を選びます.

(3) なんらかの項目（例：売上高，営業利益）を 1 つ選びます（負の値がないもの）.

(4) 過去 5 期分のデータを表にします（表 2.6 左のような表）.

(5) 過去 5 期分の最初の期を基準とする指数を計算します（表 2.6 右のような表）.

(6) 2 つの会社を比較し，わかったことを記述します.

2.5 平均値と中央値

データ x_1 から x_n について，これらをまとめた値が必要な場合があります．このまとめた値を**代表値**といいます．よく使う代表値として，平均値と中央値があります.

表 **2.8** は，関東地方の都県別従業者数です．これを例に計算してみましょう.

表 **2.8**：関東地方の都県別従業者数（単位：千人）

No.		都県名	総従業者数	No.		都県名	総従業者数
1	x_1	茨城	1,304	5	x_5	千葉	2,133
2	x_2	栃木	944	6	x_6	東京	8,608
3	x_3	群馬	986	7	x_7	神奈川	3,375
4	x_4	埼玉	2,557				

2.5.1 平均値 (mean)

平均値は，よく知られているように，合計をそのサンプルサイズで割ったものです．この平均値は，正確には**算術平均**といいます．算術平均は，x の上に横棒（バー）をつけ，$\bar{x}$ と表記されることが一般的です．表 2.8 の場合，

2.5 平均値と中央値

$$\bar{x} = \frac{\sum_{i=1}^{7} x_i}{7} = \frac{x_1 + x_2 + \cdots + x_7}{7} = 2843$$

となります．データの大きさ（サンプルサイズ）を n としたとき，次式になります．

$$\bar{x} = \frac{\sum_{i=1}^{n} x_i}{n} = \frac{x_1 + x_2 + \cdots + x_n}{n}$$

2.5.2 中央値 (median)

平均値の他によく使われる代表値に，中央値があります．**中央値** (median, メジアン) とは，ちょうど真ん中の順位のサンプルを代表値とするものです．表 2.8 の場合，大きい順に並べると，

8,608	3,375	2,557	2,133	1,304	986	944

となり，7 個のうちの真ん中の順位は，$\frac{7+1}{2} = 4$ 位で 2,133 が中央値になります．x の中央値は，~（チルダ）をつけて $\tilde{x}$ と表記することが一般的です．この場合，$\tilde{x} = 2133$ となります．

しかし，サンプルサイズが偶数の場合は，ちょうど真ん中の順位になるサンプルがありません．この場合は，その前後の 2 つのサンプルの平均値が中央値となります．たとえば 6 個の場合，真ん中の順位は $\frac{6+1}{2} = 3.5$ となるので，3 位と 4 位の平均値が中央値となります．たとえば，10, 7, 5, 3, 2, 1 の中央値は，3 位と 4 位の平均値 $\frac{5+3}{2} = 4$ となります．

中央値の良い点は，はずれ値がある場合でも，人間の直観に合った代表値が得られることです．**はずれ値**とは，サンプル全体のグループから明らかに飛びぬけて離れている少数のサンプルのことをいいます．

表 2.9 から，試験の成績の算術平均は，$\bar{d} = \frac{1}{6} \sum_{i=1}^{6} d_i = \frac{474}{6} = 79$ です．はずれ値は，d_3 の 2 点のサンプルです．この 2 点が大きく平均を下げています．d_3 以外は 90 点以上をとっていることを考えると，d_2 の 90 点は平均の 79 点を上回っていても，この 6 人の中で良い点数とはいえないでしょう．

そこで，中央値を求めると，

$$\tilde{d} = \frac{93 + 92}{2} = 92.5$$

となり，d_2 の 90 点は中央値より低くなります．

表 2.9 : 試験の成績

d_1	d_2	d_3	d_4	d_5	d_6
92	90	2	93	97	100

2.5.3　Web による平均・中央値の計算練習

(1)「ビジネス数理基礎」のホームページから 平均値・中央値の計算練習 1 または 2 をクリックします．

(2) 数個のデータが表示されます．指示に従って，平均，順位，中央値を計算していきます．

練習問題 2.5

表 2.3 の関東地方の都県（全国を除く）の第 1 次産業，第 2 次産業，第 3 次産業および公務の従業者数について

(1) 平均値を求めなさい．

(2) 中央値を求めなさい．

(3) 埼玉，千葉，東京，神奈川の各産業，公務の中央値を求めなさい．

2.6　クロス集計表

表 **2.10** は，あるコンビニエンスストアの 1 か月の売上です．平均値は 435,146 円で，中央値は 437,221 円です．

2.6 クロス集計表　　　　　　　　　　　　　　　　　　　　　35

表 **2.10**：あるコンビニエンスストアの売上（円）

日	曜日	天気	売上	日	曜日	天気	売上
1	水	雨	397,687	16	木		528,009
2	木		557,548	17	金		451,234
3	金		495,975	18	土		315,846
4	土	雨	456,749	19	日		560,383
5	日		628,129	20	月	雨	237,187
6	月		473,390	21	火		559,650
7	火		565,109	22	水		410,000
8	水	雨	322,130	23	木		411,185
9	木		383,148	24	金		396,501
10	金		340,054	25	土		445,315
11	土		518,139	26	日	雨	382,092
12	日		441,600	27	月	雨	358,364
13	月	雨	199,441	28	火		437,839
14	火		379,126	29	水		436,603
15	水		541,472	30	木		424,483

このデータには，曜日，天気といった属性がついています．属性ごとに集計した表が**表 2.11** になります．

表 **2.11**：売上の集計

件数	雨	その他	全体	平均値	雨	その他	全体
休日	2	6	8	休日	419,421	484,902	465,582
平日	5	17	22	平日	302,962	458,313	423,006
全体	7	23	30	全体	336,236	465,249	435,146

表 2.11 左は，どのような属性のサンプルが何件あるのかを示したもので

す．何件サンプルがあるかは，平均値と並んで重要な情報です．たとえば，休日の雨の日は 2 件（日）です．少ないサンプルの平均値は，たまたまあったこと（たとえば，近所でイベントがあったなど）によるはずれ値の影響に左右されることがあるので注意が必要です．

表 2.11 右は，各属性（平日／休日，雨／その他の $2 \times 2 = 4$ 属性）についての平均値を求めたものです．たとえば，平日の雨の日は，1 日，8 日，13 日，20 日，27 日ですので，その平均値は，

$$\frac{397687 + 322130 + 199441 + 237187 + 358364}{5} = 302962$$

となります．その他の休日の日における売上の平均値を求めましょう．

次に全体の平均を求めます．なお，雨の日の平均は，表 2.11 から雨の日の 2 つの値の平均 $\frac{419421 + 302962}{2} = 361192$ ではありません．雨の日全体の合計は 2353650 であり，それを雨の日の日数 7 で割り，$\frac{2353650}{7} = 336236$ となります．

2.7 度数分布表とヒストグラム

2.5 節，2.6 節ではサンプルの代表値（平均値や中央値）を求めました．しかし，単純に代表値を見ただけでは，サンプルの特徴を見ることは難しいです．たとえば，表 2.10 のコンビニエンスストアの場合，極端に売上の多い日（または少ない日）があり，それが平均値に影響していることなど，さまざまな特徴があります．そのような特徴を見るために，度数分布表とヒストグラムを作成して，サンプルがどのように分布しているかを見ます．

表 2.10 の場合，最小値が 199,441 円，最大値が 628,129 円です．そこで，15 万円から 65 万円まで 5 万円ずつ 10 個の階級（区間）に分け，その階級に何件（何日）あるのかを数えます．この各階級に属するサンプルの個数（日数）を**度数**と呼びます．各階級とそれに属する度数をまとめた表を**度数分布表**と呼びます．表 **2.12** は，コンビニエンスストアの度数分布表です．

2.7 度数分布表とヒストグラム

表 2.12 : 度数分布表

階級	度数	階級	度数
150,001〜200,000	1	400,001〜450,000	7
200,001〜250,000	1	450,001〜500,000	4
250,001〜300,000	0	500,001〜550,000	3
300,001〜350,000	3	550,001〜600,000	4
350,001〜400,000	6	600,001〜650,000	1

　また，度数分布のように集計されたデータでは，代表値として平均値と中央値の他に**最頻値** (mode, モード) も使われます．最も度数が多い階級，表 2.10 の場合は，400,001〜450,000 円の階級が最頻値の階級になります．このとき，最頻値としては，階級の中心の値（この場合は 425,000 円）がよく用いられます．

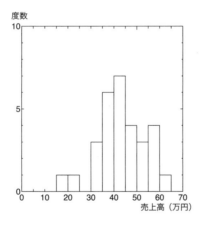

図 2.6 : 売上高のヒストグラム

　度数分布表について，階級を項目としてグラフにしたものを**ヒストグラム**（図 2.6）と呼びます．ヒストグラムを作成するときの注意としては，隣り合う棒と棒を接続して，度数と棒の面積が比例するようにします．階級幅（区

間の幅．表 2.12 では 5 万円）はできるだけ一定にするようにします．階級
幅が異なるときは，ヒストグラムの描き方に注意点があります．これは，4.7
節で学習します．

図 2.6 を見ると，ほぼ釣り鐘型（山のように真ん中が高く，左右に離れる
につれて低くなる分布）をしていることがわかります．ただし，20 万円前
後というかなり低い日が 2 日あり，また 60 万円を超える売上は滅多にない
ことを示しています．このヒストグラムにより，日々の売上は 30 ~ 60 万円
の間にあることがわかりました．

第 3 章

社会現象を数式で表現する

学習の目標

✎ 1 次関数を理解する.

✎ 社会現象を 1 次関数で表現できるようになる.

✎ 変化率の意味を理解する.

✎ 行列は,複数の 1 次式をまとめたものであることを理解する.

3.1 1 次関数と社会

3.1.1 1 次関数（同じ割合で増減する関数）

水道の水を蛇口から毎分 10 リットル出し,その水を空の水槽に貯めていきます. 毎分同じ割合で水槽の水が増えるので,0 分目から 1 分目までの 1 分間では 10 リットル増え,5 分目から 6 分目までの 1 分間も 10 リットル増えます. このように,いつも同じ量が増減する関係は,**1 次関数**で表現でき

ます[*1]. 水を出している時間を x, 水槽に貯まっている量を y とすると,

$$y = 10x$$

と表現できます. この式に, 5 分後の水槽の水の量を求めるため, $x = 5$ を代入すると, 5 分後の水の量 y は, $y = 10 \times 5 = 50$ と, 50 リットルであることがわかります. もし, 最初, 水槽に水が 30 リットル貯まっていたとすると, $x = 0$ (初期時点) のとき, $y = 30$ になるので,

$$y = 10x + 30$$

と数式で表現できます. 確かめると, $x = 0$ のとき, $y = 10 \times 0 + 30 = 30$ で 30 リットル貯まっているし, 1 分後 ($x = 1$) は $y = 10 \times 1 + 30 = 40$, 2 分後 ($x = 2$) では $y = 50$ となり, やはり毎分 10 リットルずつ増えていきます.

---

x が 1 増えたとき, いつも同じ値だけ y が増えたり, 減ったりするとき, 1 次関数で表すことができます. その増えたり, 減ったりする割合を a として, $x = 0$ のときの値を b とすると, 次式になります.

$$y = ax + b$$

3.1.2　グラフでの表現

1 次関数 $y = 3x + 6$ のグラフを描いてみましょう. 1 次関数のグラフは, 直線になります. 2 つの点を求めて, 直線で結べばグラフを描くことができます. 図 **3.1** の場合, $x = 0$ のとき $y = 6$ となり, $x = 1$ のとき $y = 9$ となるので, $(0, 6)$ と $(1, 9)$ の 2 点を結んでグラフを作成しました.

[*1] 関数 $y = f(x)$ は, x の値を決めると f により変換されて求められるただ 1 つの y が定まる関係をいいます. 1 次関数 $y = ax + b$ の場合, ある x を a 倍し, さらに b を加えたものが y として求まる x と y の関係を指します.

3.1　1次関数と社会

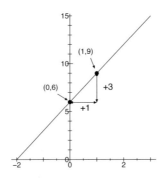

図 **3.1** : 1 次関数のグラフ

　図 3.1 のグラフで x の値が $0 \to 1$ に増えると，y の値は $6 \to 9$ へ 3 増大していることが確かめられます．他の場所でも，x が 1 増えると y が 3 増えていることを確かめましょう．
***a* の値を変化させると**　次の 5 つの 1 次関数をグラフにしてみましょう．ただし，x 軸を -10 から $+10$，y 軸を -50 から $+50$ までとしましょう．

$$y = 3x + 6$$
$$y = 4x + 6$$
$$y = 2x + 6$$
$$y = -2x + 6$$
$$y = -3x + 6$$

a が正のとき，グラフは右上がりになります．a の値が 3 から大きくなると，グラフの傾きが急になるのがわかると思います．また，a の値を小さくしていくと緩やかになり，負になると右下がりになります．負の場合では，-2 より -3 の場合が急になるなど，小さくなれば（負の値の絶対値が大きくなれば）急になります．
***b* の値を変化させると**　次の 3 つの 1 次関数をグラフにしてみましょう．ただし，x 軸を -10 から $+10$，y 軸を -50 から $+50$ までとしましょう．

$$y = 3x + 6 \tag{3.1}$$
$$y = 3x + 8 \tag{3.2}$$
$$y = 3x - 6 \tag{3.3}$$

グラフが上下に平行移動していることがわかります. b が大きくなれば上へ, 小さくなれば下へ移動します.

---

1 次関数,

$$y = ax + b \tag{3.4}$$

をグラフにすると, 直線になります. a は傾きを表し, b は $x = 0$ のときの y の値（**切片**）を表し, 縦軸上の座標になります.

練習問題 3.1

「ビジネス数理基礎」のホームページから「Web を使って直線の式」を使って, 2 点の直線の方程式を求めてみましょう.

3.1.3 関数とは

$y = 10x + 30$ の式では, 水を 5 分間出していれば 80 リットル, 10 分間出していれば 130 リットル貯まっています. 水を出している時間がわかれば, 貯まっている水の量がわかります.

水を出している時間を x, 貯まっている水の量を y とします. x が決まれば, y が決まることになります. このような関係を**関数**といい,

$$y = f(x)$$

と書きます [*2]. これは, x を指定すると, 関数 f が呼び出され, その結果を

[*2] 一般の関数を表すのにアルファベットの f がよく使われます. これは関数を表す英単語の function に由来します.

3.1　1 次関数と社会　　　　　　　　　　　　　　　　　　　**43**

y に代入することを意味します．たとえば，$x = 5$ とすると，関数 f により，
5 分間に貯まった水の量 80 が計算され，y に代入されます．

3.1.4　1 次関数を作成する

$x = 0$ のときの y の値 ($y = b$) と x が 1 増えたときの y の値
　増える割合 (a) と，$x = 0$ のときの y の値 (b) がわかれば，関数を作成す
ることができます．

コピーの枚数と料金　1 枚 10 円のコピー機で，x 枚コピーしたときの料金
y は，次式で表すことができます．

$$y = f(x) = 10x$$

水道使用量と水道料金　ある町の 1 か月の水道料金は，基本料金（500 円）
と 1m^3 あたり 50 円の使用量に応じた料金がかかります．1 か月の水道使用
量を x としたとき，1 か月の水道料金 y は，次式で表すことができます．

$$y = f(x) = 50x + 500$$

これは，水道をまったく使用しなかったとき ($x = 0$) の料金が 500 なので，
$b = 500$ で，1m^3 あたりの増加料金が 50 なので，$a = 50$ となるからです．

増加割合を計算で求める　高速道路の起点から 80 キロメートルの地点から，
車で一定の速度（割合）で走っています．2 時間後，起点から 270 キロメー
トルの地点を走っていました．走りだしてからの時間を x，そのときの起点
からの距離を y としたときの式を求めましょう．

　初期値 $x = 0$ のときの y の値は 80 です．したがって，$b = 80$ となります．
a を求めるには，1 時間あたり何キロメートル走ったかを計算します．2 時
間で，270 − 80 = 190 キロメートル走ったので，1 時間あたり 95 キロメー
トルです．したがって，$a = \dfrac{190}{2} = 95$ です（これは算術平均を求める式に
一致します）．関数は次式になります．

$$y = f(x) = 95x + 80$$

第 3 章　社会現象を数式で表現する

練習問題 3.2

次の文を 1 次関数で表現しなさい.

(1) 1 グラムが 0.98 円（100 グラムが 98 円）の豚肉を購入します. 購入量を x グラム，支払い金額を y 円とします.

(2) 1 時間あたり 2.8 トンのセメントを生産できる機械があります. 稼働時間を x 時間，総生産量を y トンとします.

(3) 1 時間あたり 2.8 トンのセメントを生産できる機械があります. 始業前，在庫が 1.8 トンありました. 本日生産したものはすべて在庫となります. 本日の稼働時間を x 時間，在庫量を y トンとします.

(4) 高速道路の起点から 30 キロメートルの地点から，一定の速度（割合）で走っています. 1 時間後，起点から 110 キロメートルの地点を走っていました. 走りだしてからの時間を x 時間，そのときの起点からの距離を y キロメートルとします.

(5) 高速道路の起点から 30 キロメートルの地点から，一定の速度（割合）で走っています. 2 時間後，起点から 190 キロメートルの地点を走っていました. 走りだしてからの時間を x 時間，そのときの起点からの距離を y キロメートルとします.

(6) 高速道路の起点から 30 キロメートルの地点から，一定の速度（割合）で走っています. 15 分後（$\frac{15}{60} = \frac{1}{4}$ 時間後），起点から 50 キロメートルの地点を走っていました. 走りだしてからの時間を x 時間，そのときの起点からの距離を y キロメートルとします.

(7) 高速道路の起点から 30 キロメートルの地点から，一定の速度（割合）で走っています. 18 分後，起点から 65 キロメートルの地点を走っていました. 走りだしてからの時間を x 時間，そのときの起点からの距離を y キロメートルとします.

3.2 連立 1 次方程式と社会

3.2.1 2 点の座標から直線を求める

1 次関数の場合，その直線が通る 2 つの座標がわかれば，計算（連立 1 次方程式）で直線の式を求めることができます．

高速道路をある場所から一定速度で走り始め，2 時間後に起点より 230 キロメートルの地点を，5 時間後に 500 キロメートルの地点を通過しました．走り始めてからの時間を x，起点からの距離を y とする関数 $y = f(x)$ を求めましょう．

この関数は，一定速度で走っているので，x（経過時間）が 1 増えたとき，y はいつも同じ値で増大することがわかります．したがって，1 次関数 $y = f(x) = ax + b$ で表現できます．

この場合，グラフを作成し，切片 (b) を求め，3 時間で 270 キロメートル進んだので，1 時間あたりは 90 キロメートル進むので，$a = 90$ とすることもできます．

しかし，ここでは**連立 1 次方程式**で求めてみます．「2 時間後に起点より 230 キロメートルの地点を通過」から，$x = 2$ のとき $y = 230$ ですので，$230 = f(2)$. この関係を 1 次関数 $y = f(x) = ax + b$ で表すと，

$$230 = a \times 2 + b$$

となり，「5 時間後に 500 キロメートルの地点を通過」から $500 = f(5)$ となり，

$$500 = a \times 5 + b$$

となります．2 つの式に共通する a と b の値を求めます．2 つの 1 次式で共通の 2 変数を求めるとき，これらの式からなる連立 1 次方程式を解きます．

2 つ目の式から 1 つ目の式をひくと，

$$
\begin{array}{rcccc}
500 & = & 5a & + & b \\
-)\quad 230 & = & 2a & + & b \\
\hline
270 & = & 3a & &
\end{array}
$$

となり，$a = 90$ です．$a = 90$ を $230 = a \times 2 + b$ に代入して，$b = 50$ を得ます．よって，走り始めたある場所 (b) は，起点から 50 キロメートルの地点です．実際，$a \times 5 + b$ で試せば，$90x + 50 = 90 \times 5 + 50 = 500$ となります．

3.2.2　2 つの直線の交点を求める

連立 1 次方程式は，2 つの直線の交点を求めるときにも使います．

次の 2 つの直線の交点の座標を求めましょう [*3]．

$$
y = f^{(1)}(x) = 3x - 2 \tag{3.5}
$$
$$
y = f^{(2)}(x) = -2x + 13 \tag{3.6}
$$

図 **3.2** は，前ページの 2 つの直線をグラフにしたものです．これら 2 つの関数に共通する点は，グラフからわかるように交点の座標になりますので，$x = 3$，$y = 7$ で交わります．この値を計算で求めてみましょう．

$x = 3$ のとき，式 (3.5)，式 (3.6) ともに $y = 7$ となり，x と y の値がそれぞれの式で一致します．交点を求めることは，2 つの式で共通の x，y の値を求めることです．式 (3.5) と式 (3.6) の連立 1 次方程式を解くと，

$$
\begin{array}{rcrc}
y & = & 3x & -2 \\
-)\quad y & = & -2x & +13 \\
\hline
0 & = & 5x & -15
\end{array}
$$

となり，$x = 3$，$y = 7$ を得ます．

[*3] $f^{(1)}$ の右肩の (1) は関数の違いを表すもので，累乗の計算ではありません．

3.2 連立 1 次方程式と社会

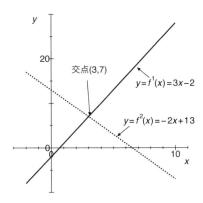

図 3.2: 2 つの直線の交点

3.2.3 需要量，供給量，均衡点

アイスクリームの需要関数と供給関数，その均衡点を例題[*4]にして，1 次関数の交点で経済分析を行います．

需要関数 ある地区のアイスクリームの需要量は，価格が 1 円上がるごとに，一定量減少するとします．気温が 28 度で，100 円のとき 2,000 個の需要があり，130 円のときは 1,400 個の需要があったとします．

価格を x，需要量を y とし，x が 1 変化したとき，y が一定量変化するので，1 次関数 $y = f(x) = ax + b$ で表現できます．2 点，$(100, 2000)$ と $(130, 1400)$ がわかっているので，連立 1 次方程式により，この 1 次関数を求めることができます．

$$\begin{cases} 2000 = 100a + b \\ 1400 = 130a + b \end{cases}$$

[*4] このアイスクリームの例は，「嶋村紘輝・横山将義著，図解雑学 ミクロ経済学，ナツメ社」第 2 章を参考にしました．

この方程式を解くと，$a = -20$，$b = 4000$ を得ます．したがって，需要量の関数（**需要関数** $f^{(D)}$）は，次式になります．

$$y = f^{(D)}(x) = -20x + 4000$$

供給関数　この地区でのアイスクリームの供給量は，価格によって増大し，x の増大 1 に対して，y の増大量は常に一定とします．100 円のとき 1,800 個供給があり，200 円のとき 2,800 個供給があるとします．連立 1 次方程式を使って，**供給関数** ($f^{(S)}$) を求めましょう．

均衡点　図 **3.3** は，需要関数と供給関数を描いたものです．2 つの関数の交点，需要量と供給量が一致する点を**均衡点**といいます．均衡点を連立 1 次方程式で求めましょう．$f^{(D)}$ と $f^{(S)}$ の 2 つの直線の連立 1 次方程式を解けば $x = 106.7$，$y = 1867$ を得ます．

　140 円のときは $f^{(S)}(140) = 2200$ 個供給されますが，需要は $f^{(D)}(140) = 1200$ 個しかありません．差しひき 1,000 個の売れ残り（超過供給）が存在します．90 円のときは $f^{(S)}(90) = 1700$ 個供給されますが，需要は $f^{(D)}(90) = 2200$ 個あります．差しひき 500 個の不足（超過需要）が存在します．価格 (x) が 106.7 円のとき，アイスクリームの需要量，供給量 (y) がともに 1,867 個になり，売れ残りも不足もありません．

関数のシフト　需要関数は，気温が 28 度のときのものでした．気温が 30 度のとき，価格が 100 円ならば 2,300 個の需要があり，130 円ならば 1,700 個の需要があるとします．28 度の場合と同様に，x が 1 増えたとき，y の増減量は一定とします．供給関数は，変わらないとします．

(1) 30 度のときの需要関数 $f^{(D2)}$ を連立 1 次方程式で求めなさい．
(2) 30 度のときの均衡点（$f^{(D2)}$ と $f^{(S)}$ の交点）を連立 1 次方程式で求めなさい．

　図 **3.4** のように需要関数は，$f^{(D)}$ から $f^{(D2)}$ に移動（シフト）したと思います．この場合，上に平行移動したと思います．このような移動を経済学で

3.2 連立1次方程式と社会

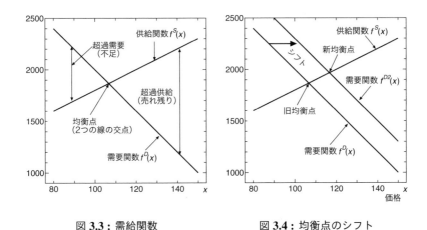

図 3.3：需給関数　　　図 3.4：均衡点のシフト

は「右へシフト」と呼びます．

図 3.4 より，

需要関数が右へシフト → 均衡点が右上に移動 → 価格の上昇，量の増大

が起こったことがわかります．

経済学のテキストでは，横軸に需要供給量，縦軸に価格をとります．本書では，価格の変動による量の変化が起こるという前提で分析をしています．そこで，需要供給量は価格の関数とし，横軸に価格，縦軸に需要供給量をとりました．

図 3.5 と図 3.6 は，図 3.3 と図 3.4 の縦軸と横軸を入れ替え，経済学の慣例に従って横軸に需要供給量，縦軸に価格をとったグラフです．

練習問題 3.3

[1] 次の関数を連立1次方程式から求めなさい．
  (1) 高速道路をあるところから一定速度で走り始め，3時間後に起点より 250 キロメートルの地点を通過し，5時間後に 390 キロメートル

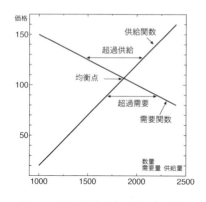 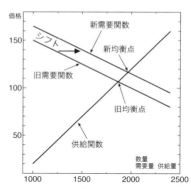

図 3.5: 需給関数（経済学の慣例）　　図 3.6: 均衡点（経済学の慣例）

の地点を通過しました．x を走り始めてからの時間，y を起点からの距離とする関数．
(2) ある工場で，化学製品を毎時同じ量で生産しています．稼働 3 時間後に 185kg，稼働 6 時間 30 分後に 290kg の在庫があった．x を稼働時間，y を在庫量とする関数．ただし，この日は，出庫はなかったものします．
(3) あるスーパーマーケットは，新聞チラシを配布しています．受け取った人の一定割合が来店するとします（仮定します）．2,000 枚配布したときの来店客数は 630 人，2,500 枚配布したときの来店客数は 720 人でした．配布枚数を x，来店者数を y とする関数を求めなさい．ただし，チラシを配布しなくても，一定数来店するとします．

[2] 3.2.3 項の例題「アイスクリームの需要関数，供給関数の分析」で気温 25 度の場合を分析します．気温 25 度のときの需要関数 $f^{(D3)}$ は，1 次式で表せるとし，100 円のとき 1,800 個の需要があり，130 円のときは 1,200 個の需要があるとします．供給関数は，例題と同じもの $f^{(S)}(x) = 10x + 800$ を使います．
(1) 25 度のときの需要関数 $f^{(D3)}$ を連立 1 次方程式から求めなさい．

3.2 連立 1 次方程式と社会　　51

(2) (1) の需要関数をグラフに追加しなさい.

(3) 25 度のときの均衡点を連立 1 次方程式から求めなさい.

(4) 均衡価格や量がどのように，変化したのか述べなさい.

[3] ある地区のガソリンの需要関数と供給関数は 1 次関数で表現できると
します. x を 1 リットルあたりの価格, y を需要量もしくは供給量（リッ
トル）とします. 需要量は，80 円のとき 10,000 リットル，110 円のと
き 7,900 リットルとします. また，供給量は，80 円のとき 3,000 リット
ル，110 円のとき 12,000 リットルとします.

(1) 需要関数 $f^{(D)}$ を連立 1 次方程式から求めなさい.

(2) 供給関数 $f^{(S)}$ を連立 1 次方程式から求めなさい.

(3) 均衡点を求めなさい.

(4) 需要関数と供給関数をグラフ化し，(1) の需要関数と (2) の供給関
数の式が正しく，(3) の均衡点も正しいことを確認しなさい.

(5) 環境税として，ガソリン 1 リットルあたり 10 円の税を賦課（ふか）
することになりました. 価格と供給量の関係は，90 円のとき 3,000
リットル，120 円のとき 12,000 リットルとなりました. 供給関数
$f^{(S2)}$ を求めなさい.

(6) 環境税導入後の均衡点を求めなさい.

(7) 環境税導入後の供給関数 $f^{(S2)}$ をグラフに追加し，計算で求めた均
衡点に一致することを確認しなさい.

<参考>　環境税を導入することにより，均衡点が移動したことがわかり
ます.

　均衡点でのガソリンの量 (y) は，環境税の賦課により減少しており，この
例の場合，環境税の導入はガソリン消費量の削減に貢献するといえます.

　均衡点での価格 (x) については，環境税の導入により上昇します. しかし，
その上昇分は環境税の税額（1 リットルあたり 10 円）より低くなっていま
す. これは，環境税（間接税）が 100%需要者（消費者）に転嫁されるわけ
ではないことを示しています.

一般に，間接税の負担者は消費者といわれていますが，実際は，上記の分析のように供給者も負担することになります．

3.2.4 Web による需要供給分析（間接税の効果）

本書の Web に「Web による需要供給分析（間接税の効果）」があります．テキストの問題，乱数で問題を作成（学籍番号を入力），経済学の慣例に従ったグラフも表示できます，また，汎用問題（問題を自分で記述）もありますので，分析してみましょう．

3.3 関数の変化率（微分）・弾力性

3.3.1 関数の変化率（微分）

経済学などの社会科学では，x がほんの少し増大したとき，y がどれくらい増大するかを問題にします．

アイスクリームの需要関数，

$$y = f^{(D)}(x) = -20x + 4000 \tag{3.7}$$

で，価格が 100 円のとき，$y = f^{(D)}(100) = 2000$ 個の需要があります．ここで，価格をほんの少し上げてみます．このほんの少しの変化量を Δx と書きます（Δ はデルタと読みます）．たとえば，1 円上がったとき（$\Delta x = 1$）の需要量は，$y = f^{D}(101) = 1980$ となり，20 個減少します．この 20 個の変化量を Δy とします．

$$\Delta y = f(x + \Delta x) - f(x) = f(101) - f(100) = 1980 - 2000 = -20 \tag{3.8}$$

このとき，x の変化に対して，どれくらいの割合で y が変化するのかを平均変化率といい，

$$\frac{\Delta y}{\Delta x} = \frac{f(x + \Delta x) - f(x)}{\Delta x} \tag{3.9}$$

3.3 関数の変化率（微分）・弾力性

で求めます．上の例では，−20 になります．これは，価格が 1 上がると 20 の割合で需要が減少することを示しています．この −20 という値は，1 次関数の場合，傾き (a) の値に一致しています．

1 次関数の場合，この変化率はいつも同じですが，図 3.7 のように一般には x の値により異なります．この変化率を関数にしたものを **導関数** といいます．すなわち，各 x での瞬間変化率 $\Delta y/\Delta x$ を求めることです．また，この導関数を求めることを **微分** といいます．元の関数を $f(x)$ としたとき，導関数は，$f'(x)$ と表記します．

アイスクリームの需要関数と導関数は，

$$f^{(D)}(x) = -20x + 4000 \qquad 需要関数 \qquad (3.10)$$
$$f^{(D)}{}'(x) = -20 \qquad 需要関数の導関数 \qquad (3.11)$$

となります．これは価格が 1 円上昇すると，20 個需要が減少することを示しています．1 次関数の導関数は，いつも傾き a を出力する関数になります．

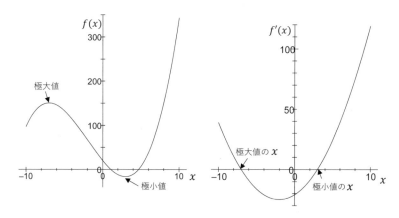

図 3.7：$f(x)$（左）と，$f(x)$ の導関数 $f'(x)$（右）

3.3.2 導関数と最大値，最小値

図 3.7 の左を見ると，最初 $f(x)$ の値は増大していき，$x = -7$ を境に減少，また $x = 3$ を境に増大しています．また右の図を見ると，$f'(x)$ は，$x = -7$ までは正，-7 から 3 までは負，3 からは正になっています．つまり，

$$f'(x) > 0 \quad \Leftrightarrow \quad f(x) は増大$$
$$f'(x) < 0 \quad \Leftrightarrow \quad f(x) は減少$$
$$f'(x) = 0 \quad \Leftrightarrow \quad f(x) は変化なし$$

という関係になっています．

この $f(x)$ は，$x = 3$ で最小値をとります．ここでは，$f'(3) = 0$ になっています．$x = 3$ は，減少 ($f'(x) < 0$) から増加 ($f'(x) > 0$) に転じる点で，$f'(3) = 0$ になっています．

経済学などでは，最大値（たとえば利益の最大値）や最小値（費用の最小値）の点を求めることが多々あります．そのときは，元の関数 $f(x)$ から導関数 $f'(x)$ を求め，0 になる点を求めます．その $f'(x) = 0$ となる点が，最大値，最小値の候補になります．

ここで「候補」と書いた理由は，図 3.7 で $f'(x) = 0$ となる x は，$x = 3$ と $x = -7$ の 2 点ありますが，$f(x)$ は $x = 3$ で最小値をとる一方で，$x = -7$ では最大値をとらないからです．したがって，$f'(x) = 0$ となる x は候補なのです．候補となる x の前後で傾きの正負が入れ替わる場合，候補の x に対応する $f(x)$ の値を**極大値**または**極小値**と呼びます．

3.3.3 弾力性

アイスクリームの需要関数（式 (3.10)）で考えます．この地区では，あるアイスクリーム屋さんが販売を独占しているとします．現在，110 円で販売しているアイスクリームの価格を変更しようか考えています．価格を上げれば，1 個あたりの単価が伸び，収入増になりますが，価格を上げたことによ

3.3 関数の変化率（微分）・弾力性 **55**

る需要の減少から，販売量が減り，収入減も考えなくてはなりません．

まず，$x = 110$ のとき，ほんの少しの値上げ（1 円，$\Delta x = 1$）による収入の変化量を考えます．$x = 110$ のとき，$y = f^{(D)}(110) = 1800$ 個売上げているので，1 円 × 1800 個 = 1800 円 の収入増になります．つまり値上げによる収入増は，

$$\Delta x \times y \tag{3.12}$$

になります．次に，値上げしたことによる需要の変化量 Δy を計算すると $\Delta y = f^{(D)}(110 + 1) - f^{(D)}(110) = 1780 - 1800 = -20$ で 20 個減少します．20 個 × 110 円 = 2200 円 収入が減り，値上げによる収入減は，

$$-\Delta y \times x \tag{3.13}$$

になります．収入増と収入減の比率を**需要の価格弾力性** η（イータ）と呼びます．

$$\eta = \frac{\text{価格上昇による需要減による収入減}}{\text{価格上昇による収入増}} = \frac{\frac{-\Delta y}{y}}{\frac{\Delta x}{x}} = \frac{-\Delta y \times x}{\Delta x \times y} \tag{3.14}$$

となります．η は，次のような意味を持っています．

$\eta > 1$ 　弾力的　　価格が上昇すれば，収入減少

$\eta = 1$ 　　　　　　価格が上昇しても収入に影響なし

$\eta < 1$ 　非弾力的　価格が上昇すれば，収入増大

例題 　ある村の 1 週間の米の販売量は，1kg あたり 300 円のとき 8,000kg でした．320 円に値上げしたとき，7,800kg の販売量でした．需要の価格弾力性の値を求めなさい．

解答例 　x，y，Δx，$-\Delta y$ の値は次のようになります．

x	300	価格変更前の値
y	8000	価格変更前の販売量
Δx	$320 - 300 = 20$	価格の増分
$-\Delta y$	$-(7800 - 8000) = 200$	販売量の減少量

したがって，需要の価格弾力性 (η) は，式 (3.14) より，

$$\eta = \frac{\frac{-\Delta y}{y}}{\frac{\Delta x}{x}} = \frac{\frac{200}{8000}}{\frac{20}{300}} = 0.375 \tag{3.15}$$

となり，非弾力的になります． （解答例終わり）

一般に，ある要因 x の変化により，その結果 $y = f(x)$ がどのように変化するかで，需要の価格弾力性 (η) を求めることができ，次の式で表されます．

$$\eta = \left| \frac{\frac{\Delta y}{y}}{\frac{\Delta x}{x}} \right| \tag{3.16}$$

練習問題 3.4

(1) $\Delta x = 1$, $y = f(x) = 6x + 10$ とし，$x = 3$ と $x = 7$ のときの，変化率 ($\Delta y / \Delta x$) を求めなさい．

(2) 1 次関数 $y = f(x) = 6x + 10$ の導関数（変化率の関数）を求めなさい．

(3) アイスクリームの需要関数 ($y = f(x) = -20x + 4000$) で，$x = 80$, $\Delta x = 1$ として，需要の価格弾力性を求めなさい．

(4) アイスクリームの需要関数 ($y = f(x) = -20x + 4000$) で，$x = 100$, $\Delta x = 1$ として，需要の価格弾力性を求めなさい．

(5) ある村の牛肉の販売量は，1g あたり 2 円のとき 150,000g，1g あたり 2.5 円のとき 50,000g でした．需要の価格弾力性を求めなさい．

(6) ある村の日本酒の販売量は，1 升瓶 1 本あたり 1,200 円のとき 120 本，1,500 円のとき 100 本でした．需要の価格弾力性を求めなさい．

3.4 1 次関数の利用（1 次近似）

社会科学で，実際の現象を数式にあてはめるとき，定義域を限定して，1次関数をあてはめることがよく行われます．

狭い範囲（80 から 150 など）で考えるとき，直線（1 次関数）で表現することがよく行われています．理由は，複雑な関数でも，狭い x の範囲で見ればほぼ直線になっていることが多いからです．

複数の価格と需要量の組（例：100 円のとき 2,000 個の需要）から，需要関数という数式を求めます．3.2.3 項のアイスクリームの例では，連立 1 次方程式で解けるように，2 点（100 円のときの需要量と 130 円のときの需要量）から求めましたが，精度を上げるため，より多くの点のデータ（110 円のときの需要量，120 円のときの需要量，…）から 1 次関数を求めます．これは回帰分析という方法で求めることができます．回帰分析は第 5 章で学習します．

社会科学では，需要関数以外でも多くの関数をこの回帰分析で求めます．回帰分析で求めた関数の有効範囲は，データが与えられた x の範囲付近であることに注意してください．

3.5 多変数の関数

複数の変数を持つ関数があります．たとえば，

$$y = 6x_1 + 3x_2 + 4x_3$$

は，右辺に x_1，x_2，x_3 の 3 つの変数を持ち，多変数の関数と呼ばれます．

$$\begin{cases} y_1 = 6x_1 + 3x_2 + 4x_3 \\ y_2 = 9x_1 + 1x_2 + 7x_3 \\ y_3 = 4x_1 + 5x_2 + 8x_3 \end{cases}$$

のように，たくさんの多変数の関数を扱うことがあります．このような多変
数の関数をうまく扱う方法に**行列**があり，行列では簡単に

$$\mathbf{y} = \begin{pmatrix} 6 & 3 & 4 \\ 9 & 1 & 7 \\ 4 & 5 & 8 \end{pmatrix} \mathbf{x}$$

と書くことができ，1次式と同じように扱うことができます．$\mathbf{x}$ と $\mathbf{y}$ はそれ
ぞれ，x_1，x_2，x_3 および y_1，y_2，y_3 を縦に並べたもので，そのような $\mathbf{x}$ や $\mathbf{y}$
をベクトルと呼びます．第9章で行列について述べますが，第9章の全体を
学習しない場合であっても，少なくとも9.1節だけは学習しておきましょう．

第4章

データの可視化とグラフ化

学習の目標

✎ 周期変動があるデータを移動平均値で分析する.

✎ ヒストグラムを作成する.

✎ シンプソンのパラドックスを理解する.

✎ データの散らばりの度合い,分散の概念を理解する.

4.1 データの表現とグラフ化

本章から学習を始めた学生は，第 2 章の関連部分も学習します．適宜その場所を明示していきます．

4.1.1 系列とデータ

図 **4.1** は，表の名称を表したものです．こうした表では，基本的に同じ系列の各データを比較します．ここに挙げられている表でいえば，たとえば，茨城県，栃木県，…，神奈川県における小学生の数を比較します．

都府県名	小学生	中学生	高校生
茨城	165	86	80
栃木	111	57	56
群馬	114	59	54
埼玉	391	198	176
千葉	335	166	149
東京	592	312	314
神奈川	482	235	198

系列名
サンプル（群馬）
サンプル（神奈川）
系列（小学生の系列）
系列（高校生の系列）

図 **4.1 :** 系列とサンプル（児童生徒数，単位：千人）

4.1.2 大きさを比較するグラフ

大きさを比較するグラフでは，**棒グラフ**がよく使われます．**棒の高さ（長さ）が値の大きさを表します**．

棒グラフを作成する上での注意として，この「棒の高さが大きさを表す」と関連して，原点 (0) を含めて描画しないと，誤解を招くことがあります．

図 2.1(p.24) の左右のグラフを見比べましょう．両グラフとも同じデータ

4.1 データの表現とグラフ化 **61**

をグラフ化したものですが，右は 0 からではなく，2000 から始めています．このようにすることにより差異が強調され，たとえば群馬は東京の $\frac{1}{4}$ しかない誤解を与える可能性があります．

また，複数系列の棒グラフには，集合棒グラフ（p.25 の図 2.2 左）や，積み上げ棒グラフ（同右）があります．複数系列の棒グラフは，各サンプル（都県）のそれぞれの系列（小，中，高校生）の値の大小も比較できます．集合棒グラフは，各サンプルの値の合計（小，中，高校生の合計の人数）とともに，その構成割合も比較できます．

4.1.3 割合を比較するグラフ

合計を 1(100%) としたとき，各系列の値がどれくらいの割合を占めているのかを示すグラフが，円グラフや帯グラフです．それぞれの面積が割合を表し，面積を比較して直感的に理解します．

図 2.3(p.27) の左が円グラフの例です．右が帯グラフです．帯グラフは 1つの系列の値を比較するのも使われますが，複数の系列の割合を比較するのによく使われます．

図 **4.2** 左は，表 2.3(p.26) の神奈川の割合を 3D 円グラフで描いたものです．図 2.3 に比べ，図 4.2 左では，第 3 次産業の割合が大きく見えます．3Dにすることで，実際より面積が大きく見えるので，使用には注意が必要です．図 **4.2** 右は，表 2.3(p.26) の茨城と栃木を比較するため 2 重円グラフ（ドーナッツグラフ）にしたものです．2 つの県では同じ割合に対して同じ角度が割り当てられています．しかし，扇形の面積は，同じ角度であっても，半径が小さい内側のサンプルは小さくなります，2 重円グラフも人間の直感をゆがめることがあります．たとえば，第 3 次産業の割合は，外側の栃木県が多いように見えます．そこで，複数の系列の割合を比較するときは，図2.3(p.27) のように帯グラフが使われます．

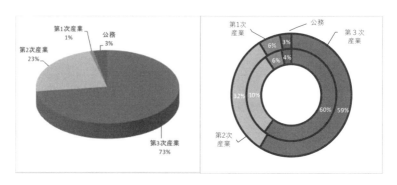

図 4.2 : 3D 円グラフ（左，神奈川）と，ドーナッツグラフ（右，内側: 茨城，外側:栃木）

4.2 パレート図

パレート図は，マーケティングで量に応じた顧客や商品の分類，品質管理で件数に応じた故障原因などに使われます．表 4.1 は，ある会社の顧客 (E～N) の売上高の分析です．また表 4.1 の左側 2 列，（あ）と（い）の列は，顧客の売上高です．

(1) 顧客（あ）と売上（い）を売上高の大きい順に並べ替えます（（う）と（え）列）
(2) 全体に対するそれぞれの売上の比率を求めます（（お）の列）
(3) 売上の比率を累積していきます（（か）の列）

図 4.3 は，複合グラフで，左縦軸と棒が売上，右縦軸と太線が累積の比率を表しています．このグラフを見ることにより，売上の動向を考察します．このように，量が大きい順に並べた棒グラフと，累積の比率の線グラフを組み合わせたグラフをパレート図と呼びます．

4.2 パレート図

表 4.1 : ある会社の顧客ごとの売上高（千円）

顧客 (あ)	売上 (い)	顧客 (う)	売上 (え)	比率 (お)	累積 (か)	分類 (き)
E	980	H	1,200	23.12%	23.12%	A
F	300	E	980	18.88%	42.00%	A
G	90	L	880	16.96%	58.96%	A
H	1,200	K	770	14.84%	73.80%	A
I	80	N	440	8.48%	82.28%	B
J	70	M	380	7.32%	89.60%	B
K	770	F	300	5.78%	95.38%	C
L	880	G	90	1.73%	97.11%	C
M	380	I	80	1.54%	98.65%	C
N	440	J	70	1.35%	100.00%	C

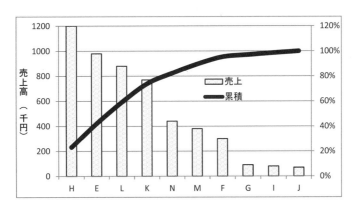

図 4.3 : パレート図の例

　パレート分析（ABC 分析）では，上位 80% までを A 分類 (H, E, L, K)，次の 15%（累積で 95%）までを B 分類 (N, M)，残り 5% を C 分類 (F, G,

I, J) とします（80%，15%，5%は，決まった値ではありませんが，この値がよく用いられます）．次に，A 分類，B 分類，C 分類ごとに，対策を考えます．たとえば，A 分類の顧客に対しては優遇サービスを実施したり，B 分類にはそれに準じる優遇サービスを実施したりすることがあります．

4.3　時系列データ

外国為替レート，株価，人口，GDP など，時間（秒，日，月，年）とともに変化するデータを**時系列データ**と呼びます．グラフ化するとき，**折れ線グ ラフ**を使いますが，2.3 節で書いたように，横軸に時間，縦軸に人口などの変化する値をとります．ただし，時間の間隔は常に一定にするように注意しましょう．2.3 節の図 2.4(p.29) のように，1 目盛りが 1 年の場合と 5 年の場合でどのような影響があるのか確認をしましょう．

国ごとの人口の増減，GDP の変化など，大きさが異なる系列（日本とアメリカなど）の値の推移（変化の様子）を比較するときは，基準点（基準年）を定めて，その値を 100 とする数値（指数）に変換して比較します．すなわち，ある時点での指数は，$\frac{その時点での値}{基準点での値} \times 100$ で求めます．2.4 節を確認しておきましょう．

4.4　移動平均値

表 4.2 は，ある屋台の 1 か月の売上の推移です．その推移を折れ線グラフにしたものが**図 4.4** です．

この図からでは，頻繁に増大と減少を繰り返していて，売上が伸びているのか減少しているのかよくわかりません．しかし曜日ごとに見ると，土日の売上は多く，平日は少ないことがわかります．したがって，7 日間（1 週間）を周期として変動していると見ることができそうです．このように周期的に変動したり，株価のように細かな変動を繰り返すものから，傾向的な変動を見いだすために移動平均値というものを求め，グラフ化します．**図 4.5** の太

4.4 移動平均値

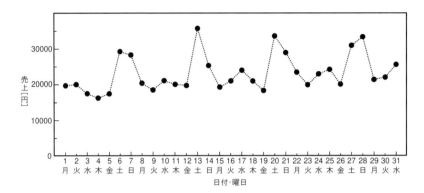

図 **4.4**：屋台の売上の推移

線は，表 4.2 の移動平均値をグラフ化したものです．この図から，売上は増大傾向にあることがわかります．

移動平均値とは，その日を含めて前何日間かの平均値を求める単純移動平均という方法があります．表 4.2 の例では 7 日周期なので，その日と前 6 日間の計 7 日間の平均値をとります．

$$\frac{6\,\text{日前} + 5\,\text{日前} + \ldots + \text{当日}}{7}$$

求めたい日を t とし，t 日の売上を x_t とすると 7 項単純移動平均値は，

$$\frac{x_{t-6} + x_{t-5} + \ldots + x_t}{7}$$

となります．第 t 日の n 項の単純移動平均値を y_t とし，$\sum$ を使った式で表すと次式になります．

$$y_t = \frac{1}{n}\sum_{i=0}^{n-1} x_{t-i}$$

表 4.2: ある屋台の売上

日付・曜日	売上（円）	日付・曜日	売上（円）	日付・曜日	売上（円）
1 月	19,726	11 木	20,074	21 日	28,964
2 火	20,044	12 金	19,798	22 月	23,477
3 水	17,526	13 土	35,777	23 火	19,933
4 木	16,260	14 日	25,355	24 水	22,991
5 金	17,463	15 月	19,307	25 木	24,258
6 土	29,270	16 火	21,056	26 金	20,108
7 日	28,328	17 水	24,029	27 土	30,990
8 月	20,423	18 木	21,013	28 日	33,395
9 火	18,555	19 金	18,369	29 月	21,410
10 水	21,121	20 土	33,683	30 火	22,038
				31 水	25,599

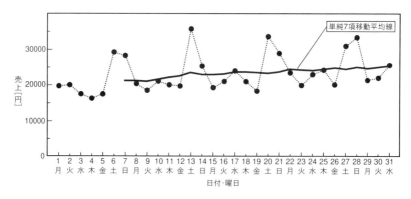

図 4.5: 屋台の売上の推移（単純移動平均線）

たとえば，表 4.2 で 7 日（日曜日）の 7 項単純移動平均値は，1 日から 7 日の売上の平均値となるので，次式になります．

4.4 移動平均値　　　　　　　　　　　　　　　　　　　　　　　　　　**67**

$$y_7 = \frac{x_1 + x_2 + x_3 + x_4 + x_5 + x_6 + x_7}{7}$$

$$= \frac{19726 + 20044 + 17526 + 16260 + 17463 + 29270 + 28328}{7} = 21231 \text{ 円}$$

練習問題 4.1

表 4.3 は，2013 年 10 月 3 日から 10 月 18 日にかけての為替相場（1 ドル = x 円）の推移です．

表 4.3：為替相場の変化

日付	変数	円相場終値（x_t 円）	5 項単純移動平均値（y_t 円）
2013 年 10 月 3 日	x_1	97.24	—
2013 年 10 月 4 日	x_2	97.46	—
2013 年 10 月 7 日	x_3	96.69	—
2013 年 10 月 8 日	x_4	96.86	—
2013 年 10 月 9 日	x_5	97.33	97.12
2013 年 10 月 10 日	x_6	98.15	97.30
2013 年 10 月 11 日	x_7	98.56	97.52
2013 年 10 月 14 日	x_8	98.56	97.89
2013 年 10 月 15 日	x_9	98.16	98.15
2013 年 10 月 16 日	x_{10}	98.76	?
2013 年 10 月 17 日	x_{11}	97.89	?
2013 年 10 月 18 日	x_{12}	97.70	?

(1) 折れ線グラフを書きなさい．

(2) 10 月 16 日，17 日，18 日の 5 項単純移動平均値を求めなさい．

(3) 折れ線グラフに 5 項単純移動平均線を追加しなさい．

(4) 8 項単純移動平均値 z_t を $\sum$ を使った式で書きなさい．

(5) 10 月 16 日の 8 項単純移動平均値 z_{10} の値を求めなさい．

4.4.1 移動平均値の分析

e-Stat（政府統計の窓口）に，さまざま統計が掲載されています．

https://www.stat.go.jp/

月次データ（月ごとに集計されたデータ）をグラフ化し分析することにより，季節的な変動（ある月やある季節のデータが大きかったり小さかったりすること）があることがあります．また，季節的な変動が大きい場合，傾向的な変動（減少傾向にあるのか，増大傾向にあるのか）がわかりにくいことがわかります．そこで，月次データの 12 項単純移動平均値を求め，傾向的な変動を読み取ることができます．

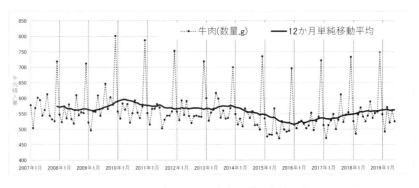

図 4.6：1 世帯あたりの牛肉の購入数量の変化

図 4.6 は，e-Stat の家計調査で，2007 年 1 月から 2019 年 6 月までの 2 人以上の世帯の牛肉の月間購入数量を取得し，12 項単純移動平均を求め，グラフ化したものです．季節的な変動では，12 月が年末年始のための購入のためか突出して多く，その反動で 1,2 月は少なくなっています．また，2014 年以降 8 月も多くなっています．傾向的な変動では，2014 年以降減少し，2016 年から回復していますが，2010 年の水準には戻していません．

4.5 代表値 69

練習問題 4.2

e-Stat から月次データをダウンロードして，単純移動平均値も計算し，グラフ化し，考察しなさい．

4.5 代表値

代表値は，データの分布の特徴を要約して（代表して）表す数値です．よく使われるものは，平均値（2.5.1 項（p.32），中央値（メジアン，2.5.2 項（p.33）），最頻値（モード，2.7 節（p.37））があります．中央値は，はずれ値や異常値が含まれる可能性があるデータによく用いられます．

4.5.1 調整平均値

オリンピックの体操競技の採点など，最高点と最低点を除いた点数の平均点を求めることがあります．これも，はずれ値や異常値を集計の対象に含めないという意味があります．この考え方は，α％ 調整平均値というものに基づいています．これは，上位 α％ と下位 α％ のサンプルを集計対象から除いて平均値を求める方法です．

たとえば，表 2.9(p.34) のデータで，25％調整平均値は，サンプルサイズが 6 個なので，上位と下位のそれぞれから 6×0.25 = 1.5 個のサンプルを集計対象からはずすことになります．ただし，1.5 個の小数部分は，切り捨てて，1 個を省きます．したがって，2 番目から 5 番目の平均値 (92 + 90 + 93 + 97)/4 = 93 点が，25％調整平均値になります．

4.6 クロス集計表とシンプソンのパラドックス

表 4.4 は，高校名，性別，ある試験の得点の 3 つの系列のデータです．このうち，高校名や性別は質的データ，試験の得点は量的データと呼ばれます．

第 4 章　データの可視化とグラフ化

表 4.4 : 複数の系列のデータ（架空）

No.	高校名	性別	得点
1	A	男	65
2	B	女	70
3	A	女	85
4	A	男	72
⋮	⋮	⋮	⋮

4.6.1　クロス集計表

この表から，高校名，性別ごとに，人数，得点の平均値を求めると**表 4.5**になりました．このように 2 つの系列（高校別，男女別）で，集計した表を**クロス集計表**と呼びます．

表 4.5 : クロス集計表の例

	A 高校		B 高校		男女計	
	人数	平均点	人数	平均点	人数	平均点
男	20	70	80	71	100	70.8
女	80	75	20	76	100	75.2
高校計	100	74	100	72	200	73

4.6.2　シンプソンのパラドックス

表 4.5 を見るとおもしろいことがわかります．A 高校と B 高校で平均点はどちらが高いかを見てみます．表 4.5 の合計の行を見ると，A 高校 74 点，B 高校 72 点となり，A 高校が高いことがわかります．

4.6 クロス集計表とシンプソンのパラドックス　　　　　　　**71**

　次に男女別の平均点を見てみます．男性の平均点は，A 高校 70 点，B 高校 71 点で B 高校が高く，女性の平均点も，A 高校 75 点，B 高校 76 点で B 高校の方が高くなっています．全体で集計すると A 高校が，一方，男女別で集計すると男女ともに B 高校が高くなり，一見，矛盾する結果が得られます．

　A と B の各高校の全学生をそれぞれ全体の集団とします．それぞれの集団を男女の 2 つの集団に分けて分析した結果と，それぞれの集団全体での分析結果とでは正反対の結果が得られています．このような結果 —— すべての部分集団の結果と，全体の結果が異なること —— を**シンプソンのパラドックス**と呼びます．

　原因を分析すると，男女別の平均点（表 4.5 の男女計の列）では，男性 70.8 点，女性 75.2 点と女性が高くなっています．各高校の男女の構成を見ると，A 高校は男性 20 名，女性 80 名と女性が多く，B 高校は男性 80 名，女性 20 名と男性が多くいます．女性が多いことにより，A 高校は全体の平均点を引き上げていると考えられます．

　このように，ある集団を分割して，分割後の集団間で値が異なるデータの場合，集団の構成数を考慮して分析したほうがよい場合があります．

4.6.3　例：国民医療費の分析

　ある集団をいくつかの集団に分けて分析することは有用ですが，その集団のサンプル数の違いや変化を考慮しないと誤解を誘発することになります．

　表 4.6 は，厚生労働省がまとめた**国民医療費統計**で，2000 年と 2010 年の医療費を年齢階級別に集計したものです [*1]．

　図 4.7 は，医療費総額を年齢階級ごとに棒グラフで示したものです．年齢が高い方が医療費も高くなっています．総額は 10 年間で 7.3 兆円増大し，そのうち約 85% の 6.2 兆円が 65 歳以上の増加分で占められています．また，

[*1] 国民医療費統計では，医療費総額と 1 人あたりの医療費が記載されています．計算対象人口はそれらから逆算したものです．

表 4.6：国民医療費 2000 年と 2010 年の比較（%は増減率）

年齢	医療費総額（10億円） 2000	2010	増減	%	計算対象人口（百万人） 2001	2010	増減	%	1人あたり医療費（千円） 2000	2010	増減	%
0-14	2,081	2,418	337	16%	18.5	16.8	-1.7	-9%	112	144	31	28%
15-44	4,867	4,996	129	3%	50.5	47.1	-3.4	-7%	96	106	10	10%
45-64	8,630	9,289	660	8%	35.9	34.6	-1.3	-4%	240	268	28	12%
65-	14,564	20,718	6,154	42%	22.0	29.5	7.4	34%	661	703	42	6%
全体	30,142	37,420	7,278	24%	126.9	128.1	1.2	1%	238	292	55	23%

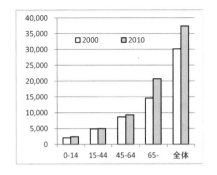

図 4.7：医療費総額　　　　　図 4.8：計算対象人口

65 歳以上の医療費の総額も 42%増加しています．これだけ見ると，医療費の増額の原因は 65 歳以上の医療費の増額だけにあるように見えます．

しかし，日本は高齢化しており，65 歳以上の人口が増えています．図 4.8 は，人口の変化で，65 歳以上が増加し，それ以外の階級では減少，全体ではほぼ横ばいになっているのがわかります．

そこで，図 4.9 のように，1 人あたりの医療費をグラフ化しました．各階級で 1 人あたりの医療費は増加しています．65 歳以上の医療費は 4.2 万円の増加と他の階級に比べて最も大きいですが，他の階級，たとえば，0-14 歳の 3.1 万円の増加と比べると際だって大きいとはいえないでしょう．

次に図 4.10 のように 1 人あたりの医療費の増減率をグラフ化すると，65 歳以上は 6%の増加と他の階級に比べて最も低い値です．

したがって，10 年間での医療費増加の原因は，65 歳以上の人口増加と各

4.7 ヒストグラム

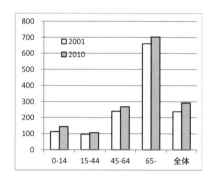

図 4.9：1 人あたりの医療費

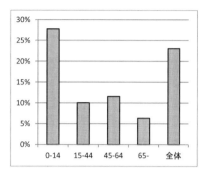

図 4.10：1 人あたりの医療費増減率

階級での 1 人あたりの医療費増加です．65 歳以上の医療費は元々多く，その 65 歳以上の人口増加により医療費は増加しているが，1 人あたりの医療費の増加率は他の階級に比べて抑制されているといえるでしょう．

4.7 ヒストグラム

2.7 節 (p.37) の表 2.12 のように階級を定め，その階級に所属するサンプルを数えたものを度数分布表といいました．それをグラフ化したものがヒストグラム（図 2.6）です．ヒストグラムは，各階級の棒の面積の比がその階級の度数の比（出現確率）を表しています．

4.7.1 ヒストグラムの読み方

図 4.11 は，男子大学生の身長のヒストグラムです．平均値，中央値，最頻値がほぼ一致し，分布は平均値を頂点とする左右対称の山型になっています．このような分布は，**正規分布**と呼ばれる分布に近い分布で，分析しやすい分布です．また，**図 4.12** の女子大学生の身長も正規分布に近い分布です．

図 4.13 は，大学生の身長の分布です．山の頂点が 2 か所にあり，中心に凹みがあります．このような分布は 2 極化した分布といわれています．160 ~ 165 を頂点とする極と 170 ~ 175 を頂点とする極です．実はこの分布

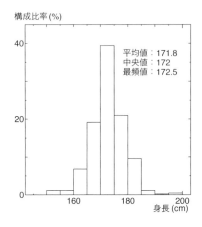

図 4.11：男子大学生の身長の分布　　図 4.12：女子大学生の身長の分布

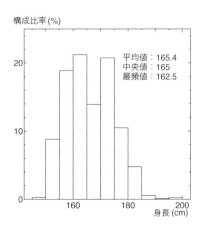

図 4.13：大学生の身長の分布

は，図 4.11 と図 4.12 を合わせたもので，女性の頂点と男性の頂点に分かれていると解釈できます．

　2 極化している分布では，多くの場合，中央値，平均値と最頻値が異なり

4.7 ヒストグラム　　　　　　　　　　　　　　　　　　　　　　　　　　　75

ます. 大学生の身長の分布の場合, 男女別という生物的な差異で容易に解釈
できますが, 社会のデータで 2 極化を示したときは, 階層の分化なども考え
られ, 注意深く分析する必要があります. たとえば, 社会の階層で金持ちと
そうでない人に分かれ, それぞれの行動や嗜好が異なり, ある商品の購入単
価の分布で, 高価格品の山と低価格品の山に分かれることが考えられます.

4.7.2　階級幅が異なるとき

表 4.7 は, 総務省の家計調査での 2 人以上の世帯, 貯蓄現在高（2012 年）
の度数を構成割合（パーセント表示）に直したものです. 単位は万円で,
「100 〜 200」は, 100 万円以上 200 万円未満の貯蓄現在高の世帯の割合を表
します.

表 4.7：家計の貯蓄額の度数分布表（家計調査 2012 年, 単位：万円）

階級	構成割合	累計	階級	構成割合	累計
100 未満	10.58%	10.58%	1,000 〜 1,200	5.49%	57.20%
100 〜 200	5.89%	16.47%	1,200 〜 1,400	5.08%	62.28%
200 〜 300	5.65%	22.12%	1,400 〜 1,600	3.94%	66.22%
300 〜 400	5.01%	27.13%	1,600 〜 1,800	3.53%	69.75%
400 〜 500	4.60%	31.73%	1,800 〜 2,000	2.89%	72.64%
500 〜 600	4.65%	36.38%	2,000 〜 2,500	6.04%	78.68%
600 〜 700	4.40%	40.78%	2,500 〜 3,000	4.50%	83.18%
700 〜 800	3.89%	44.67%	3,000 〜 4,000	6.40%	89.58%
800 〜 900	3.75%	48.42%	4,000 以上	10.42%	100.00%
900 〜 1,000	3.29%	51.71%			

図 4.14 左 (区間幅調整なし, 高さ調整なし) は, ヒストグラムとしては不
適切な例です. 表 4.7 の階級幅は, 1,000 万円未満では 100 万円であるのに
対して, 1,000 万円以上では 200 万円, 2,000 万円以上は 500 万円になって
いますが, 図 4.14 左は 100 万円の幅と同じ幅になっています.

図 4.14 中央 (区間幅調整済み, 高さ調整なし) は, 階級幅に従って棒の幅
を調整したものです. しかし, 貯蓄額が増えるとそれに属する家計の度数が

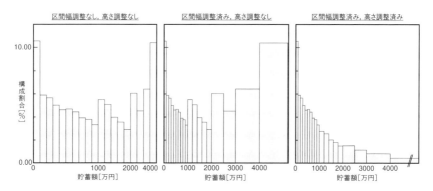

図 4.14：家計の貯蓄額のヒストグラムの比較

増大するという印象を与えてしまいます．これは，ヒストグラムが各階級の棒の面積の比がその階級の出現度数の比を表すということを無視したためです．

図 4.14 右 (区間幅調整済み，高さ調整済み) は，階級幅が増大して，棒の横幅が増大したことを，棒の高さで調整したものです．100 万円幅のところを基準にし，200 万円幅は高さを $\frac{1}{2}$ に，500 万円幅は $\frac{1}{5}$ にしました．4,000 万円以上の部分は，上限がないので，まだ続くという意味で，斜めの線を入れ，高さはここでは仮に，$\frac{1}{30}$ にしました．このようにすることにより，棒の面積の比がその階級の度数の比に一致します（4,000 万円以上を除く）．

4.7.3 分位数

2.5 節で代表値として，平均値などを学びました．そのなかで，ちょうど真ん中番目の値を中央値として定義しました．ここでは，4 つの**分位数**（**四分位**）に分けて，小さい方からちょうど 25% = $\frac{1}{4}$ のところを第 1 四分位，50% = $\frac{2}{4}$ のところを第 2 四分位（中央値），75% = $\frac{3}{4}$ のところを第 3 四分位と呼びます．

表 4.7 から家計の貯蓄額の第 1 四分位を求めると，累計の構成割合が 25%

以上になる階級，300 ~ 400 万円があてはまります．同様に，中央値も 50%
以上になる階級，900 ~ 1,000 万円，第 3 四分位は，構成割合が 75%以上に
なる階級，2,000 ~ 2,500 万円があてはまります．

　家計調査でも四分位の値が公表されていますが，貯蓄額が 0 の家計を除い
て集計しています．そのため，**表 4.8** のように，度数分布表から求めた値と
多少異なります．公表値は，最小の値 (0) の家計を除いていますので，その
分大きな値になっています．

表 **4.8**：家計の貯蓄額の四分位の値（単位:万円）

計算方法	第 1 四分位	第 2 四分位（中央値）	第 3 四分位
度数分布表から	300 ~ 400	900 ~ 1,000	2,000 ~ 2,500
公表値	406	1,001	2,243

　第 3 四分位 − 第 1 四分位 の値は**四分位範囲**と呼ばれています．家計調査
の公表値から求めた四分位範囲は，1,837 万になります（ただし，貯蓄額が
0 の家計を除く）．また，第 1 四分位と第 3 四分位のあいだに，半分 (50%)
のサンプルがあることになります．

4.7.4　グラフの解釈

　図 4.14 右（区間幅調整済み，高さ調整済み）のグラフを解釈すると，分
布が左に偏り，最頻値の階級は 0 から 100 万円未満で，中央値 1,001 万円，
平均値 1,722 万円と大きく異なります．これは，グラフの右側に表れている
高額の貯蓄を所有する家計が存在し，この家計が平均値を押し上げていると
考えられています．このような分布の場合，単に平均値の 1,722 万円の情報
のみで解釈すると誤った解釈をします．たとえば，貯蓄を 1,000 万円所有す
る家計の人は，平均値のみを聞くと，かなり低い額と感じますが，中央値が
1,001 万円であることがわかれば，だいたい中位の額であることが理解でき
ます．また，大多数の家計では，平均値が示すような貯蓄を保有していない

ということを示しています．分布を見て，どの代表値を使って議論するのか
を検討しなくてはなりません．

4.7.5　階級の数

ヒストグラムを作成するときの階級の数はスタージェスの公式で，n をサンプルサイズとすると $1 + \log_2(n)$ くらいが適当といわれています（log は 6.5 節で学習）．

4.7.6　学習 Web によるヒストグラムの作成

「ビジネス数理基礎」のホームページから
$\boxed{(1 \text{ 次元データの) ヒストグラム，代表値}}$ を利用できます．

$\boxed{\text{練習問題 4.3}}$

総務省統計局のサイトに「統計でみる都道府県のすがた」という統計があります．

https://www.stat.go.jp/data/k-sugata/index.html
$\boxed{\text{本書の内容}}$ → $\boxed{\text{I 社会生活統計指標 e-Stat}}$

適当な統計表を選んでその Excel ファイルをダウンロードし，いくつかの指標のヒストグラムを作成し，その結果を考察してみましょう．都道府県のデータなどサンプルの大きさが異なるデータを分析するとき，サンプルの大きさ（人口など）を考慮したデータを使います．たとえば，都道府県別の「教員数」のヒストグラムを作成しても意味がありません．「教員数」のヒストグラムを作成するならば，「生徒 1 人あたりの教員数」または，「教員 1 人あたりの生徒数」でヒストグラムを作成します．例えば，「教育」の統計表の中の都道府県別の「小学校児童数（小学校教員 1 人当たり）」のデータについてヒストグラムを作成します．

4.8　加重平均値や比率の平均値

表 4.9[*2] は，ユーロ圏のおもな 8 か国の GDP，人口，面積のデータです．
このデータから，各国の人口密度（人口÷面積）と 1 人あたりの GDP（GDP
÷人口）を求めました．

表 4.9 : ユーロ圏のおもな **8** か国の **GDP** と人口（**2017** 年），面積

国	GDP （10 億ユーロ）	人口 （百万人）	面積 (km²)	人口密度 (人 /km²)	1 人あたり GDP (ユーロ / 人)
ベルギー	431.85	11.00	30528	360.32	39259.09
フランス	2246.67	61.40	551500	111.33	36590.72
ドイツ	2929.48	80.22	357578	224.34	36518.08
ギリシャ	187.20	10.82	131957	82.00	17301.29
イタリア	1599.76	59.43	302073	196.74	26918.39
ルクセンブルク	47.96	0.51	2586	197.22	94039.22
オランダ	725.36	16.66	41543	401.03	43539.02
スペイン	1139.95	46.82	505980	92.53	24347.50
合計	9308.23	286.86	1923745		
単純平均値	1163.53	35.86	240468.13	208.19	
加重平均値	—	—	—	149.12	

次に，8 か国全体での人口密度を求めます．単純に人口密度（人/km²）の
平均値を求めると，

$$\frac{360.32 + 111.33 + \cdots + 92.53}{8} = 208.19 \ (人 / km^2)$$

となります．しかし，この 208.19 は，すべての国を同じ重みで集計してい
るので，小国（ルクセンブルクなど）の影響が強く出ます．

[*2] 出典:International Monetary Fund, World Economic Outlook Database, April 2019 および
世界の統計 2019（総務省統計局）

人口密度や 1 人あたりの GDP など，単位あたりの数量や比率，割合を求めるときは，全体の合計値から求めます．ユーロ圏 8 か国を 1 つの経済社会単位とみて，その人口，GDP，面積の合計から求めます．したがって，

$$全体の人口密度 = \frac{全体の人口}{全体の面積} = \frac{人口の合計}{面積の合計} = \frac{286860000}{1923745}$$
$$= 149.12 \ (人 / km^2)$$

となります．通常は，この全体（合計値）から求めます．単純に求めた平均値を利用するときは「単純平均値」であることを断った上で利用します．

この全体（合計値）から求めた値は，各サンプル（国）の値を分母（面積）を重みとする加重平均値（重み付き平均値）で求めることもできます．各国の重み付き合計を ベルギーの人口密度×ベルギーの面積＋フランスの人口密度×フランスの面積 ＋ ⋯ ＋ スペイン人口密度×スペインの面積 = 286,860,000 で求め，それを面積の合計 1,923,745 で割り，149.12 を算出します．

このように重みを考慮した平均を加重平均と呼びます．

練習問題 4.4

表 4.9 の 1 人あたり GDP について単純平均値と全体の平均値を求めなさい．

4.9 データの散らばりを表す尺度

4.9.1 分散・標準偏差

ヒストグラムは，1 種類のデータの値のとりうる様子を示したグラフです．また，ヒストグラムは 2 つのデータについてそれぞれの観測値を座標として表したもので，グラフ全体を見ることで 2 つのデータ間の散らばり（バラツキ）の様子やその傾向を見ることができます．

本節ではグラフから見て取れる「散らばり」について，その指標となる統

4.9 データの散らばりを表す尺度

計値を学びます.

2.5 節では，データの代表値として平均値，中央値や最頻値を学びました．このような値は，データ全体をもっとも代表するような統計値の 1 つです．平均値を吟味することで，データ全体について大まかな理解が得られます．しかし，平均値だけでデータのすべてを語ってよいでしょうか？

今，次に示すような 2 つのデータの組（単位:g）があるとします.

データ 1	10	30	50

データ 2	20	30	40

これら 2 つのデータの平均値はいずれも 30g ですが，それぞれの値は必ずしも一致していません．この場合は，平均値だけでこれらのデータの特徴の差を述べることはできません．同じ平均値を持つデータですが，一体何が異なるのでしょうか？　それはデータの持つ**散らばり**です．「散布度」もしくは「バラツキ」といい換えてもいいかもしれません.

それではどちらのデータの方が散らばりが大きいでしょうか？　データ 1 は平均値からプラスマイナス 20g だけ離れており，データ 2 は平均値からプラスマイナス 10g だけ離れています.

この散らばりの違いをうまく説明する統計値を求めてみましょう．まず各データと平均値との差を求めます．これを**偏差**といいます．これらのデータの平均値はいずれも 30g ですので，それぞれのデータから 30 をひきます．したがって偏差は，

データ 1	−20	0	20

データ 2	−10	0	10

となります．ここで偏差の和は常に 0 になることに注意しましょう．したがって，単純に偏差をたし合わせても，散らばりを説明することはできません．そこで，それぞれの偏差を 2 乗してたし合わせます.

データ 1: $(10 - 30)^2 + (30 - 30)^2 + (50 - 30)^2 = (-20)^2 + 0^2 + 20^2 = 800$

データ 2: $(20 - 30)^2 + (30 - 30)^2 + (40 - 30)^2 = (-10)^2 + 0^2 + 10^2 = 200$

明らかに前者のデータの方が幅が大きく，したがって散らばりの度合いは大きいことから，このような値を計算すれば，散らばりの度合いを説明することができそうです．このように偏差を 2 乗（平方）してたし合わせたもの（和）を**偏差平方和**といいます．

　しかし，上記のようにたし合わせていくと，データのサンプルサイズが大きくなるごとに偏差平方和はどんどん大きくなってしまいます．今求めたいのは，データ全体の散らばりの度合いなので，値が無限に大きくなることや，サンプルサイズが違うと比較できないというのでは困ります．

　そこで，データ 1 つあたりの散らばりの度合いを考えてみます．

$$\text{データ 1}: \frac{(10 - 30)^2 + (30 - 30)^2 + (50 - 30)^2}{3} = \frac{800}{3} = 266.7$$

$$\text{データ 2}: \frac{(20 - 30)^2 + (30 - 30)^2 + (40 - 30)^2}{3} = \frac{200}{3} = 66.7$$

これならば，サンプルサイズが異なる場合でもデータ 1 つあたりの散らばりの量として計算することができます．このように偏差平方和をサンプルサイズで割った値を**分散**と呼び，データの散らばり度合いを示す代表的な統計値として使われています [*3]．

　一般に，$\{x_1, x_2, \cdots, x_n\}$ というデータがあり，その平均値を $\bar{x}$ とした場合，このデータの分散 V は，

$$V = \frac{(x_1 - \bar{x})^2 + (x_2 - \bar{x})^2 + \cdots + (x_n - \bar{x})^2}{n} = \frac{1}{n} \sum_{i=1}^{n} (x_i - \bar{x})^2$$

[*3] 統計の勉強をさらに進めると，偏差平方和を（サンプルサイズ -1）で割ったものを分散として定義したものが出てきます．これは得られたデータ群（サンプル）からそのデータ群全体（母集団）の分散を推計するときに使い，これを**不偏分散**といいます．不偏分散に対して，本章で学習する偏差平方和をサンプルサイズで割って求めた分散を**標本分散**といいます．

4.9 データの散らばりを表す尺度

として計算されます.またこの式を展開すると,

$$
\begin{aligned}
V = \frac{1}{n}\sum_{i=1}^{n}(x_i - \bar{x})^2 &= \frac{1}{n}\sum_{i=1}^{n}\left(x_i^2 - 2\bar{x}x_i + (\bar{x})^2\right) \\
&= \frac{1}{n}\left(\sum_{i=1}^{n}x_i^2 - 2\bar{x}\sum_{i=1}^{n}x_i + \sum_{i=1}^{n}(\bar{x})^2\right) \\
&= \frac{1}{n}\left(\sum_{i=1}^{n}x_i^2 - 2n(\bar{x})^2 + n(\bar{x})^2\right) = \frac{1}{n}\left(\sum_{i=1}^{n}x_i^2 - n(\bar{x})^2\right) \\
&= \frac{1}{n}\left(\sum_{i=1}^{n}x_i^2\right) - (\bar{x})^2 = \overline{x^2} - (\bar{x})^2
\end{aligned}
$$

となります.したがって,分散は,データそれぞれを 2 乗したものの平均値（2 乗平均値）から,通常の算術平均値を 2 乗したものをひいた値として算出することもできます.分散を手計算で求めるときにはこの式が便利です.

　分散は,データの散らばりを示す代表的な統計値です.このように平均値と分散は次元が異なります.たとえば,あるクラスの学生の身長データが cm 単位で取られているとき,平均値の単位は［cm］になります.

　一方,分散は偏差平方和をサンプルサイズで割っています.偏差はデータから平均値をひくので,単位はこの場合［cm］のままですが,偏差平方和は偏差を 2 乗したものをたし合わせているので,単位は［cm^2］になってしまいます.したがって,分散も単位は［cm^2］になってしまいます.偏差平方和や分散は,元の単位 [cm] とは異なるので,通常,単位［cm^2］はつけません.

　このように平均値と分散は単位が異なるため,直接比較するのは困難です.ところが,分散は単位が 2 乗になっているので,分散の平方根を求めれば,その単位はデータのものと一致します.これを**標準偏差**といいます.標準偏差 σ（シグマ）は次のように計算されます.

$$
\sigma = \sqrt{V} = \sqrt{\frac{1}{n}\sum_{i=1}^{n}(x_i - \bar{x})^2} = \sqrt{\overline{x^2} - (\bar{x})^2}
$$

前述の例の場合，データ 1 の標準偏差は $\sqrt{\dfrac{800}{3}} = 16.33\,\mathrm{g}$，データ 2 の標準偏差は $\sqrt{\dfrac{200}{3}} = 8.16\,\mathrm{g}$ となります．前者のデータは，後者のデータと比較して平均値からちょうど倍ずつ離れていましたが，標準偏差もちょうど 2 倍になりました．

統計的な検討では，平均値と標準偏差（または分散）が利用されます．

4.9.2 変動係数

標準偏差は，データの散らばりを表すのに有効な手段ですが，2 つ以上の系列のデータで，散らばりの大きさを比較できません．

表 4.10 : 2 つの系列のデータ

	データ					平均値	標準偏差	変動係数
系列 A (cm)	5	8	10	13	14	10	3.2863	0.3286
系列 B (mm)	50	80	100	130	140	100	32.863	0.3286

表 4.10 の系列 B は，A を 10 倍したもので，単位を ［cm］ から ［mm］ に替えたときのデータです．この場合，ただ単位を変更しただけにもかかわらず，標準偏差は 10 倍になっています．この差を調整するために，標準偏差を平均値で割った値を変動係数と呼び，異なる系列の散らばりの大きさの比較に使います．変動係数 CV は，次式で定義されています．

$$CV = \frac{\sigma}{\bar{x}}$$

4.9.3 データの標準化

2 種類のデータが得られたときに，それぞれのデータ群の中でそれぞれの値がどういった位置にあるのかを見る場合，平均値と分散の大きさによって

4.9 データの散らばりを表す尺度

見方が変わってしまいがちです．統一的にデータを見る場合は，原点や単位について特定の値になるように変換しておいた方が便利です．

4.9.1 項で，偏差を紹介しました．偏差は平均値からのずれの方向と大きさを表します．また，標準偏差はデータと単位が同じであるような散らばりを示す統計値です．したがって，偏差を標準偏差で割ることで，平均値を原点として，散らばりの大きさを調整した値を得ることができます．つまり，次のように変換します．

$$z_i = \frac{x_i - \bar{x}}{\sigma}$$

これを**データの標準化**といい，標準化された値を**標準得点**または **Z 値**と呼びます．標準化されたデータは平均値が 0，標準偏差が 1 になります（分散は標準偏差の 2 乗なので，このとき分散も 1 になります）．

もし，標準得点が 0 の場合は，そのデータは平均値と同じであり，標準得点が 1 の場合は，平均値より標準偏差分だけ大きい値であることを示します．また，標準得点が −0.5 の場合は，平均値より標準偏差の半分だけ下回る値となります．このように標準得点を求めることで，データの平均値や散らばりの大きさに関係なく，それぞれの値がデータのどのあたりに位置するかを統一的に把握することが可能になります．なお，標準得点には単位をつけません．

4.9.1 節 (p.81) の 2 つのデータの組を表 **4.11** のようにの標準得点を求めました．データ 1,2 の標準得点 (z_i) は，

$$\text{データ 1：} \quad \left\{ \frac{10 - 30}{\sqrt{\frac{800}{3}}}, \frac{30 - 30}{\sqrt{\frac{800}{3}}}, \frac{50 - 30}{\sqrt{\frac{800}{3}}} \right\} = \{-1.22, 0, 1.22\}$$

$$\text{データ 2：} \quad \left\{ \frac{20 - 30}{\sqrt{\frac{200}{3}}}, \frac{30 - 30}{\sqrt{\frac{200}{3}}}, \frac{40 - 30}{\sqrt{\frac{200}{3}}} \right\} = \{-1.22, 0, 1.22\}$$

となり，データの中での各値の位置関係からも，2 つのデータの標準化された値は一致することがわかります．

表 4.11：データの標準化の例

i	x	$x_i - \bar{x}_i$	$(x_i - \bar{x}_i)^2$	標準得点	偏差値	x	$x_i - \bar{x}_i$	$(x_i - \bar{x}_i)^2$	標準得点	偏差値
1	10	-20	400	-1.2	38.0	20	-10	100	-1.2	38.0
2	30	0	0	0.0	50.0	30	0	0	0.0	50.0
3	50	20	400	1.2	62.0	40	10	100	1.2	62.0
合計	90	0	800.0			90	0	200.0		
平均値	30	0	266.7			30	0	66.7		
標準偏差			16.3					8.2		

■**偏差値**　受験勉強中には，偏差値という数字を見た人も多いでしょう．偏差値は平均値を 50，標準偏差を 10 として得点を標準化した値です．したがって，偏差値は標準得点を 10 倍し（標準偏差が 10 倍になります），一律に 50 を加えて（平均値が 50 になります）求めることができます．データ i の偏差値は

$$50 + 10 \times z_i$$

となります．前述のデータの場合，表 4.11 のようになります．したがって，偏差値が 60 というのは，平均値より標準偏差分だけ高得点であった場合です．一般に試験の偏差値は 25 から 75 の範囲に入るといわれてますが，稀にこの範囲を超えてしまう場合もあります．たとえば偏差値が 80 を超えるというような場合は，ほとんどの受験者の得点が著しく低い場合に，その人だけとび抜けて高得点をとったという場合に起きます．ただし，偏差値は平均値と標準偏差を基準にしているものであり，絶対的な理解の度合いを示したものではないということは注意しなければなりません．

4.9.4　Web による平均・分散・標準偏差・標準得点の計算

「ビジネス数理基礎」のホームページから

平均・分散・標準偏差・標準得点（Z 値）の計算練習 を利用できます．

第 5 章

相関分析と回帰分析

学習の目標

✎ 2 つのデータの関係，相関係数を理解する．

✎ 因果関係を表現するモデルである回帰分析の概念を理解する．

✎ 回帰分析を実際に体験し，結果を吟味する力をつける．

5.1 2種類のデータの傾向：散布図と相関係数

5.1.1 散布図

表 5.1 は，ある月の最高気温（x_i の列）と，ある店舗におけるジュースの販売量の推移（y_i の列）を示したものです．また，最高気温の平均値 $\bar{x}$，分散 V_x，標準偏差 σ_x とジュースの販売量の平均値 $\bar{y}$，分散 V_y，標準偏差 σ_y を計算してあります．

表 5.1：最高気温（度）とジュース販売量（ペットボトルの本数）

日付	最高気温			販売量			
i	x_i	$x_i - \bar{x}$	$(x_i - \bar{x})^2$	y_i	$y_i - \bar{y}$	$(y_i - \bar{y})^2$	$(x_i - \bar{x})(y_i - \bar{y})$
1	31	0.93	0.86	303	-24.87	618.52	-23.13
2	30	-0.07	0.00	307	-20.87	435.56	1.46
3	33	2.93	8.58	360	32.13	1032.34	94.14
4	30	-0.07	0.00	262	-65.87	4338.86	4.61
5	29	-1.07	1.14	248	-79.87	6379.22	85.46
6	29	-1.07	1.14	420	92.13	8487.94	-98.58
7	28	-2.07	4.28	281	-46.87	2196.80	97.02
8	30	-0.07	0.00	450	122.13	14915.74	-8.55
9	32	1.93	3.72	303	-24.87	618.52	-48.00
10	29	-1.07	1.14	308	-19.87	394.82	21.26
11	29	-1.07	1.14	290	-37.87	1434.14	40.52
12	29	-1.07	1.14	285	-42.87	1837.84	45.87
13	31	0.93	0.86	324	-3.87	14.98	-3.60
14	28	-2.07	4.28	223	-104.87	10997.72	217.08
15	33	2.93	8.58	554	226.13	51134.78	662.56
合計	451	偏差平方和: 36.86		4918	偏差平方和: 104837.78		偏差積和: 1088.12
平均値	$\bar{x} =$ 30.07	分散 (V_x): 2.46		$\bar{y} =$ 327.87	分散 (V_y): 6989.19		共分散 (C): 72.54
		標準偏差 (σ_x): 1.57			標準偏差 (σ_y): 83.60		相関係数 (ρ): 0.55

このデータから，最高気温と販売量には関係があるかどうかを考えます．このような 2 つの系列のデータの関係を見るために，横軸と縦軸にそれぞれのデータ項目をとり，各データの組み合わせの座標を記入します．これを**散布図**と呼びます．

図 5.1 を見ると，最高気温が上昇するとおおむね販売量も増えそうだということがわかります．散布図を描くことによって，2 つのデータがどういった関係にあるかを見ることができます．

5.1　2種類のデータの傾向：散布図と相関係数

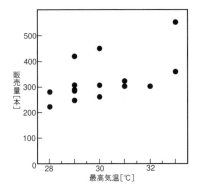

図 5.1：最高気温とジュース販売量　　図 5.2：正の相関の散布図

5.1.2　共分散と相関係数

図 5.1 の散布図は，グラフを一目見ることで，2 つのデータ（各項目のことを変量と呼ぶこともあります）の間に関係があるかどうかを直感的に見てとることができます．また，図 5.3 は，最高気温とある店舗でのホットコーヒーの販売量の散布図です．この図は，最高気温が上昇するとホットコーヒーの販売量は減少していることがわかります．

2 種類のデータについて一方のデータが大きくなったときに，もう一方のデータが大きくなる傾向があるかどうかを指標化することを考えます．まず，散布図で右上がり，つまり 2 つのデータがともに大きくもしくは小さくなるとき（図 5.1）に正，また，散布図で右下がり，つまり 2 つのデータの値が逆の傾向を示す場合（図 5.3）に負の値をとると考えましょう．

散らばりの評価と同様に平均値を原点として，2 つの変量の偏差を考えることにします．そこで，図 5.2 のように，表 5.1 の $x_i - \bar{x}$ の列の値を x 座標，$y_i - \bar{y}$ の列の値を y 座標 とするグラフを作成しました．図 5.1 と図 5.2 の違いは，図 5.2 の原点が 2 つの平均値（$\bar{x} = 30.07$，$\bar{y} = 327.87$）になるように座標軸を移動させただけで，データの分布は同じものです．2 つのデータの偏差が同じ傾向（つまり両者とも大きい，もしくは小さい）を示す場合，

データは第1, 第3象限にあります. 図5.2では多くのサンプルが, 第1, 第3象限にあり（$(x_i - \bar{x})(y_i - \bar{y})$の値は正の値）, または第1, 第3象限で軸から離れた位置（$(x_i - \bar{x})(y_i - \bar{y})$は大きな正の値）にあります.

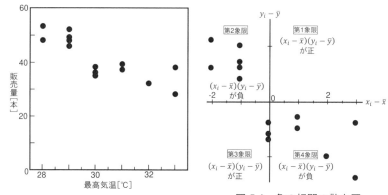

図 5.3：最高気温とコーヒー販売量

図 5.4：負の相関の散布図

図5.4は, 図5.3の図の原点を平均値に移動させたものです. ほとんどのデータは, 第2, 第4象限にあることがわかります. 第2, 第4象限のデータの場合, $(x_i - \bar{x})(y_i - \bar{y})$の値は負の値をとります.

このことを用いて, 2変量のデータ $(x_1, y_1), \cdots, (x_n, y_n)$ の関係性について次のように2つの偏差をかけ合わせたものの和で考えることにします.

$$W = \sum_{i=1}^{n}(x_i - \bar{x})(y_i - \bar{y})$$

これはデータ x と y の偏差の積の和であり, **偏差積和**といいます. なお偏差積和の単位は形式的には2つの変量の単位の積になりますが, 通常は単位をつけません.

偏差積和は, 散布図上の各データについて, それぞれの観測値の偏差を計算し, かけ合わせています. もし, ある2つの変量を持つデータについて, 両方ともが平均値よりも大きいもしくは小さい場合（第1, 第3象限）は,

5.1　2種類のデータの傾向：散布図と相関係数　　**91**

それら偏差の積は正の値となり，どちらか一方のみが平均値よりも小さい場合（第2，第4象限）はそれらの偏差の積は負の値になります．したがって，偏差の積をたし合わせた偏差積和が正となれば，両軸の平均値を原点と考えたときに，データ全体について一方の変量が大きくなるときに，もう一方のデータも大きくなるような傾向があると考えられるでしょう．逆に，偏差積和が負になるような場合は，データ全体について一方のデータが大きくなるにつれ，もう一方のデータが小さくなるような傾向にあるといえます．したがって，偏差積和の符号を見ることで，2種類のデータの間の関係を見て取ることができます．表 5.1 の場合，偏差積和は 1088.12 と正であるので，一方の変量が大きくなるときにもう一方のデータも大きくなるような傾向があります．

　ただし，偏差積和も偏差平方和と同様に，その値がデータのサンプルサイズに依存するので，偏差積和もデータのサンプルサイズで割ることによって，データ1つあたりの量として求めることができます．

$$C = \frac{1}{n} \sum_{i=1}^{n} (x_i - \bar{x})(y_i - \bar{y}) = \frac{W}{n}$$

これを x と y の**共分散**といいます．なお共分散には単位をつけません．分散の場合はデータの偏差を2乗しましたが，共分散では2つの変量の偏差をそれぞれかけ合わせています．

　平均を原点として，両方とも大きいもしくは小さい方向にデータが散らばりやすい場合は，共分散は正となり，一方が大きくなるときにもう一方が小さくなる傾向がある場合は，共分散は負となります．

　表 5.1 の場合，偏差積和 1088.13 をデータのサンプルサイズ 15 で割り，共分散は 72.54 になります．

　共分散を計算することで，2つの変量の関係性を見ることができそうです．しかし，一般にはこれら2つのデータは同じ単位であるとは限りません．表 5.1 の場合，x は気温（度）で，y は販売量（本）で，単位はそれぞれ異なります．また，たとえば販売量を本数で記述するか，リットルで記述するかに

よって共分散の値は変わってきます．したがって，2つの変量の関係を統一的に見るためには，それぞれの変量の単位や散らばりに依存しない指標を求める必要があります．共分散の単位も形式上，2つの変量の単位の積になります．そこで，共分散を，それぞれの変量の単位を持ち，またそれらの散らばりの尺度である標準偏差で割り，単位や散らばりに依存しない指標を求めます．

$$
\rho = \frac{C}{\sigma_x \times \sigma_y} = \frac{\dfrac{1}{n}\sum_{i=1}^{n}(x_i - \bar{x})(y_i - \bar{y})}{\sqrt{\dfrac{1}{n}\sum_{i=1}^{n}(x_i - \bar{x})^2}\sqrt{\dfrac{1}{n}\sum_{i=1}^{n}(y_i - \bar{y})^2}}
$$

このようにして求められる ρ（ローと読みます）を相関係数といいます．なお相関係数には単位をつけません．表5.1の場合，共分散72.54を x（気温）の標準偏差1.57と，y（販売量）の標準偏差83.60で割った0.55が相関係数になります．また，図5.3の最高気温とホットコーヒー販売量の相関係数を計算すると，−0.84になりました．

相関係数 ρ は単位のない値（無名数）であり，−1から1の値をとります．

$$
-1 \leqq \rho \leqq 1
$$

相関係数の符号は共分散の符号と同じであり，その絶対値が大きいほど2つの変量の右上がりもしくは右下がりの直線関係が強くなります．

このように相関係数は2つのデータ間の動きの関係を示す指標です．相関係数が正の値となる場合，この2つの変量は正の相関関係にあるといい，負の値となる場合は，負の相関関係にあるといいます．

相関係数の性質は次のようにまとめられます．

- 相関係数は −1 から 1 の値をとり，正の場合は，一方のデータが大きくなるとき，もう一方のデータも大きくなる傾向があります．また，相関係数が負の場合は，一方のデータが大きくなるとき，もう一方のデータは小さくなる傾向があります．

5.1 2 種類のデータの傾向：散布図と相関係数

- 相関係数の絶対値が 1 に近いほど，その散布図は傾きが正もしくは負の直線に近い関係になります．
- 相関係数が 1 の場合，一方のデータが大きくなるともう一方のデータも大きくなり，その 2 つのデータについて散布図を描くと右上がりの一直線上に並びます．
- 相関係数が −1 の場合，一方のデータが大きくなるともう一方のデータは小さくなり，その 2 つのデータについて散布図を描くと右下がりの一直線上に並びます．
- 相関係数が 0 の場合は，散布図全体が円や軸と平行な辺を持つ長方形で囲えるような，一方のデータの値が変わっても，もう一方のデータが影響を受けないような形になります．
- 一方のデータが大きくなるときにもう一方のデータが大きくなっても，それが一直線の関係にない場合は相関係数は 1 にはなりません．たとえば，関数 $y = x^2$ 上の点 (x, y) がデータとして与えられても，相関係数は 1 にはなりません．
- 相関係数は，少数のはずれ値や異常値に大きく影響されることがあります．散布図を見て，全体の様子を確認しましょう．
- 相関係数で測ることができるのは，直線に近い関係のみです．図 **5.9** のような曲線での関係は相関係数では測れず，この場合 $\rho = 0$ になります．

相関係数の値と散布図の関係を図 **5.5** から図 **5.9** に示します．

練習問題 5.1

表 **5.2** に示すデータについて，以下の問いに答えなさい．

(1) x と y の平均値と分散を求めなさい．
(2) x の各データの標準得点を求めなさい．
(3) 横軸に x，縦軸に y をとった場合の散布図を描きなさい．
(4) x と y の相関係数を求めなさい．

表 5.2 : 2 変量データ

No.	x	y
1	4	5
2	8	3
3	5	4
4	7	3
5	6	5

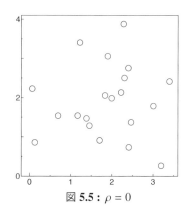

図 5.5 : $\rho = 0$

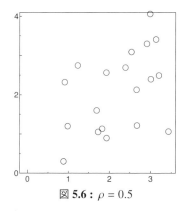

図 5.6 : $\rho = 0.5$

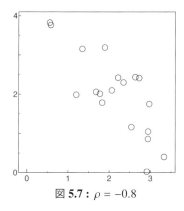

図 5.7 : $\rho = -0.8$

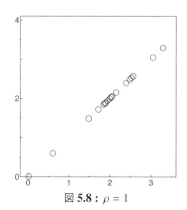

図 5.8 : $\rho = 1$

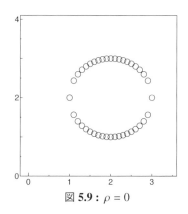

図 5.9 : $\rho = 0$

5.1.3 Web による相関係数の計算練習

「ビジネス数理基礎」のホームページから 相関係数の計算練習 をやってみましょう．

5.1.4 原因と結果

散布図では，原因と結果がわかっているとき，原因を x 軸（横軸），結果を y 軸（縦軸）に描きます．または，おもに比較する数値を y 軸に描きます．しかし，単に正または負の相関関係があるからといって，どちらが原因で，もう片方が結果であるとは一概にはいえません．図 5.10 のようにいくつかのパターンが考えられます．

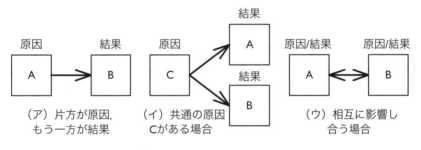

図 5.10：相関関係の分析

図 5.11 は，図 5.10（ア）の例で，都道府県の人口と従業者数の散布図です．人口の一定割合は，都道府県に関わりなく従業者なので，人口が多ければ従業者も多いことになり，「人口」が原因で，「従業者」が結果と解釈できます．

図 5.12 は（ウ）の例で，x 軸に「老齢人口比率」，y 軸に「1 人あたりの県民所得」をとり，散布図にしたものです．「老齢者が多い」→「老齢者は年金生活者が多く，所得が低いことが多い」→「1 人あたりの県民所得が低い」がありますし，逆に，「1 人あたりの県民所得が低い」→「生産年齢の人

(15〜64歳) が高い所得を求めて，県外へ移住」→「老齢人口比率が増大」
もあります．これは，相互に原因と結果になっている例です．

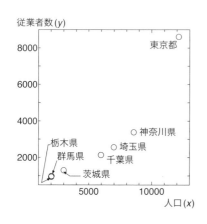

図 5.11：（ア）の例　　　　図 5.12：（ウ）の例

厳密にいうと，原因と結果を明らかにするには，原因以外の要因を一定にして，原因を変化させたときに，結果がどうなるのかという実験をする必要があります．しかし，社会現象ではこのような実験を行うことは難しく，原因と結果（因果関係）の分析は注意深く行う必要があります．

図 5.13 [*1] は（イ）の例で，x 軸に「海外旅行の年間行動者率（10 歳以上，2006）」をとり，y 軸に「高等学校卒業者の進学率(2006)」を都道府県ごとに散布図にしたものです．相関係数が 0.758 と海外旅行に行く率が高い県は，進学率が高いようです．海外旅行に行くと海外に興味を持ち，勉学意欲が高まり，進学率が高まるという解釈をするかもしれません．しかし，図 5.14 のように，x 軸に「1 人あたりの県民所得，2005」をとると，「海外旅行率」も「進学率」も高い相関関係があります．したがって，図 5.10 の（イ）のように，県民所得 (C) が共通の原因で，海外旅行率と進学率がその結果と解釈したほうが妥当だと思われます．「海外旅行の年間行動者率」と「高等学校

[*1] 図 5.13 と図 5.14 のデータは，「日本の統計 2009」（総務省統計局）から作成しました．

5.1 2種類のデータの傾向：散布図と相関係数

卒業者の進学率」のように，データ上は高い相関があっても，実際には直接相関関係がないものを**疑似相関**と呼びます．

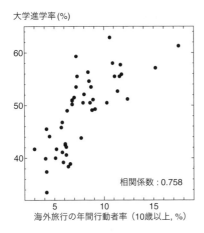

図 5.13：海外旅行と大学進学率　　図 5.14：県民所得との散布図

図 5.11 では，東京都がはずれ値になっています．これは，首都であるので，企業の本社などが集中し，そのぶん従業者が多いことが考えられます．また，「1 人あたりの県民所得」には，個人所得のほかに企業所得が含まれます．図 5.12 と図 5.14 で東京都がはずれ値になるのは，同様の理由が考えられます．

練習問題 5.2

総理省統計局の「統計でみる都道府県・市区町村のすがた」の「本書の内容」などの中から，2 つの系列をダウンロードし，Web などを使い散布図を作成しなさい．正の相関があるのか負の相関があるのか相関係数を読みとり，その理由も考えなさい．また，データのかたまりからはずれた都道府県（はずれ値）があれば，その都道府県名を調べ，その理由を考えなさい．

5.2 回帰分析

5.2.1 回帰分析とは

今，あるスーパーマーケットのお菓子売場で，1週間にポテトチップスのエンド陳列 [*2] を実施した日数とその週のポテトチップスの販売数量を調べた値が，**表5.3** の通りであったとしましょう．

表 5.3：ポテトチップスのエンド陳列日数（日）と販売数量（個）

週	エンド陳列日数	販売数量
1	6	50
2	3	40
3	4	60
4	2	30
5	2	35

このときにエンド陳列を増やすと，販売数量が伸びると考えてよいでしょうか？ すなわち，エンド陳列の販売数量への効果はあるのでしょうか？効果があるとするならば，エンド陳列を1日増やすと販売数量はどのくらい増えると考えられるでしょうか？

回帰分析は，売上のような何らかの結果の変化を，エンド陳列のような何らかの要因の変化で説明できるか，できるならばどのくらいの影響力があるかを検討するための有効な分析方法です．

図 5.15 の○は表 5.3 の散布図です．この中に，散布図全体を貫くような直線を引くことができれば，エンド陳列を1日増やしたときに，どれだけ販売数量が増えるかを見積もることができます．直線の式は1次関

[*2] エンド陳列とは，スーパーなどで陳列台の端に飾られた大量陳列のことです．購買を喚起する目的でよく用いられる手段です．

5.2 回帰分析

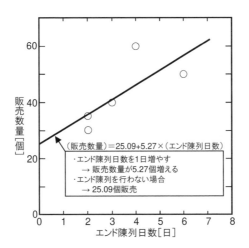

図 5.15: 回帰分析の考え方

数で表されますので，この場合，エンド陳列日数を変数とする 1 次関数，売上 = a × エンド陳列日数 + b について，傾き a と切片 b の値を求めればよいことになります．ここでたとえば，売上 = 5.27 × エンド陳列日数 + 25.09 であることがわかったならば，

- エンド陳列日数を 1 日増やすと 5.27 個販売数量が増える．
- エンド陳列をまったく行わない週は 25.09 個売れる．

ということがわかります．

　回帰分析では，変数間の関係を表す関数を仮定して，その変化の大きさを特定することができます．図 5.15 の例では $y = ax + b$ という式を仮定して，$y = ax + b$ の a と b の値を求めることになります．1 次関数 $y = ax + b$ について a と b とが与えられていれば，x を決めればそれに応じて y が決まります．したがって，x が原因の変数，y が結果の変数となります．原因の変数を **独立変数**（もしくは **説明変数**）といい，結果の変数を **従属変数**（もしくは **被説明変数**，**目的変数**）といいます．回帰分析で得られる式を回帰式とい

います.この例では,エンド陳列日数を独立変数,販売数量を従属変数として考えています.

5.2.2 回帰分析の意味(試行錯誤で回帰直線を求める)

Web を使って,回帰直線の a と b の値を試行錯誤で求めます.

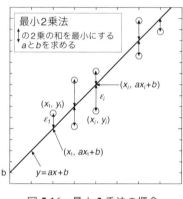

図 5.16: 最小 2 乗法の概念

5.2.3 傾きと切片の求め方

得られたデータから回帰式(回帰直線)$y = ax + b$ を求めますが,実際に観測されたデータと回帰式から得られる推定値には差が生じます($y_1 \neq ax_1 + b, y_2 \neq ax_2 + b, \cdots$).図 5.16 で見ると,各○印のサンプルが,$y = ax + b$ の直線上にないことに対応します[*3].この○から縦軸(y)方向にとった直線までの差(矢印つきの線)が,直線で推定された値(推定値)と

[*3] この理由は,エンド陳列以外の要因が売上に変動を与えることなどが考えられます.回帰分析では,従属変数の大局的な変化をおよぼす要因を独立変数として取り上げ,瑣末な影響をおよぼすような要因は取り上げないのが一般的です.モデルは,単純でかつ説明力が高い(データによく当てはまる)方が良いと考えられているからです.

5.2 回帰分析

実際の値の差になります．この差を**残差**といい ε（イプシロンと読みます）で表すことが一般的です．1 番目のサンプルを (x_1, y_1) とすると，その残差を ε_1（イプシロン）で表します．$x = x_1$ に対して推定される値は，x_1 に対する回帰式の関数値 $\hat{y}_1 = ax_1 + b$ となります（$\hat{y}_i$ は回帰式により推定された値，y_i は観測値を表します）ので，残差を ε_i とすると，$\varepsilon_1 = y_1 - \hat{y}_1$ となり，

$$\varepsilon_i = y_i - \hat{y}_i = y_i - ax_i - b, \qquad i = 1, \cdots, n$$

となります．ここで，それぞれの残差の 2 乗和を求めると，

$$\sum_{i=1}^{n} \varepsilon_i^2 = \sum_{i=1}^{n} (y_i - ax_i - b)^2$$

となり，これは残差平方和と呼ばれています．回帰分析では，この残差の 2 乗和が最小になるように，a と b のパラメータを推定します．残差全体が小さいほど良い回帰式と考え，残差の「2 乗和」が「最小」になるように推定するので**最小 2 乗法**と呼びます．どのようにして $\sum_{i=1}^{n} \varepsilon^2$ が最小となるような a と b を求めるかについての説明は，10.4 節を参照してください．

これらの式を解くと，

$$a = \frac{\displaystyle\sum_{i=1}^{n} x_i y_i - n\bar{x}\,\bar{y}}{\displaystyle\sum_{i=1}^{n} x_i^2 - n(\bar{x})^2} = \frac{\displaystyle\sum_{i=1}^{n} (x_i - \bar{x})(y_i - \bar{y})}{\displaystyle\sum_{i=1}^{n} (x_i - \bar{x})^2} = \frac{C}{V_x}$$

$$b = \bar{y} - a\bar{x}$$

となります．$\bar{x}$, $\bar{y}$ はそれぞれ x と y の平均で，C は x と y の共分散，$V_x(= \sigma_x{}^2)$ は x の分散で，σ_x は x の標準偏差です．

それでは，この式を使って，先ほどのポテトチップスの例で，エンド陳列を 1 日増やすことによる効果はどのくらいか，計算をしてみましょう．**表 5.4** のような表を作成すると便利です．

表 5.4 より，a, b の値を求めると，

102   第 5 章　相関分析と回帰分析

表 5.4：回帰係数を求めるための表

i	x_i	$x_i - \bar{x}$	$(x_i - \bar{x})^2$	y_i	$y_i - \bar{y}$	$(y_i - \bar{y})^2$	$(x_i - \bar{x})(y_i - \bar{y})$
1	6	2.60	6.76	50	7.00	49	18.20
2	3	−0.40	0.16	40	−3.00	9	1.20
3	4	0.60	0.36	60	17.00	289	10.20
4	2	−1.40	1.96	30	−13.00	169	18.20
5	2	−1.40	1.96	35	−8.00	64	11.20
合計	17		11.20	215		580	59.00
平均	3.40		(V_x =)2.24	43.00		(V_y =)116	(C =)11.80

$$a = \frac{C}{V_x} = \frac{11.80}{2.24} = 5.27$$
$$b = \bar{y} - a\bar{x} = 43.00 - 5.27 \times 3.40 = 25.08$$

となり，傾きが 5.27，切片が 25.08 となりました．したがって，次のことが
わかります．

- エンド陳列日数を 1 日増やすと，5 個程度販売数量が増える．
- エンド陳列を行わなかった週（エンド陳列が 0 日）の販売数量は 25 個
  程度である．

練習問題 5.3

(1) 表 5.5 について，散布図を作成しなさい．
(2) 表 5.5 を完成させなさい，
(3) 最小 2 乗法で，切片 (a) と傾き (b) を計算しなさい．
(4) (3) で求めた式を (1) の散布図に追加しなさい．
(5) 表 5.1 について，最高気温を独立変数，販売量を従属変数とする回帰分
    析を行い，表から，回帰式 $y = ax + b$ の a と b を求めなさい．

5.2.4　表計算ソフトウェアによる回帰分析

　回帰分析（重回帰分析を含む）の計算は，Excel などの表計算ソフトウェ
アで簡単に行うことができます．Excel の場合，アドインの「データ分析」

5.2 回帰分析 **103**

表 5.5：練習問題 5.3 計算表

i	x_i	$x_i - \bar{x}$	$(x_i - \bar{x})^2$	y_i	$y_i - \bar{y}$	$(y_i - \bar{y})^2$	$(x_i - \bar{x})(y_i - \bar{y})$
1	7			75			
2	8			50			
3	10			45			
4	4			110			
5	6			180			
合計 平均			$(V_x =)$			$(V_y =)$	$(C =)$

の中の「回帰分析」を利用します.

5.2.5 出力結果の見方

表 5.6 のデータを Excel による回帰分析結果（表 5.7）の見方を説明します.

表 5.6：ポテトチップスのエンド陳列日数と販売数量（**12** 件）

週	エンド陳列日数	販売数量	週	エンド陳列日数	販売数量
1	6	50	7	3	39
2	3	40	8	4	47
3	4	60	9	1	29
4	2	30	10	0	26
5	2	35	11	2	37
6	2	36	12	4	42

R^2（決定係数）　決定係数は，回帰式がどれくらい説明力を持つのかを示し，

$$決定係数 = \frac{回帰平方和}{偏差の全平方和} = \frac{\sum_{i=1}^{n}(\hat{y}_i - \bar{y})^2}{\sum_{i=1}^{n}(y_i - \bar{y})^2}$$

表 5.7：回帰分析結果

R^2（決定係数）= 0.711195

補正 R^2（自由度修正済み決定係数）= 0.6382315

分散分析表

	自由度	平方和 (変動)	分散	観測された分散比	有意 F
回帰	1	721.329	721.329	24.6254	0.000568008
残差	10	292.92	29.292		
合計	11	1014.25			

	回帰係数	標準誤差	t 値
定数項	25.354	3.20663	7.91
X1	5.0531	1.01828	4.96

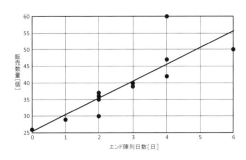

図 5.17：散布図と回帰直線

で定義されています．分母の「偏差の全平方和」は，y_i と y_i の平均値の差の 2 乗和で，y_i のすべての変動を表し，分子の回帰平方和は，そのうち回帰式で説明している部分を表しています．したがって，0 と 1 のあいだの値をとり，1 に近いほどモデルの説明力が高くなります．

決定係数は，寄与率とも呼ばれ，独立変数が 1 個の場合，独立変数と従属変数の相関係数の 2 乗になります．

補正 R^2 　自由度調整済み決定係数と呼ばれています．コンピュータの出力では「補正 R2」と表記されることがあります．モデルの説明力の高さを表す値です．上述の決定係数は，データのサンプルサイズが小さいと

きに回帰式の独立変数の数を増やすと，極端に高くなる性質があるため，それを回避するために自由度調整済み決定係数が用いられます．決定係数と同様，1 に近いほどモデルの説明力が高くなります．

観測された分散比 **F 値**ともいいます．モデルに含まれる独立変数の組み合わせが妥当かどうかを表します．値が大きければ大きいほど，妥当な組み合わせであると考えられます．詳しくは説明しませんが，一元配置分散分析と呼ばれる分析を行っていることになります．

係数（回帰係数） 前の例で a, b にあたる，推定された値です．**回帰係数**ともいいます．定数項（または切片）が，$\hat{y} = ax + b$ の b，X1 の回帰係数が a になります．表 5.7 の場合，

$$\hat{y} = 5.0531x + 25.354$$

になります．ただし．x はエンド陳列日数，y は販売数量です．

t **t 値**といいます．各係数が意味のあるものかどうかを検討する値です．t値の絶対値が大きければ大きいほど，意味があると考えます．t 検定という手法で，係数ごとに「0 と統計的に有意な差があるかどうか」を検討しています．

（F 値，t 値の）P-値 有意確率と呼ばれる値です．0 に近ければ近いほど「有意である」といわれます（P-値の解釈は**表 5.8** を参照）[4]．

5.2.6 統計データによる回帰分析

統計データによる回帰分析の例として，独立変数を 2015 年の 48 都道府県の一人あたりの県民所得（千円），従属変数を 2015 年の各都道府県の 1 世帯あたりの年間外食支出（円）として，単回帰分析を行いました．

---

[4] α%有意とは，α%の確率で，当初の設定（モデルに意味があるか，もしくは取り上げた独立変数が従属変数にプラスかマイナスかの影響を与えているか）の有効性に疑義があることをいいます．

第5章　相関分析と回帰分析

表 5.8：P-値の見方

P-値	解釈
0.01 以下	1%水準で有意
0.01 より大きく 0.05 以下	5%水準で有意
0.05 より大きく 0.10 以下	10%水準で有意
0.10 を超える	非有意

　表 **5.9** は，Excel による分析結果で，図 **5.18** は，それをグラフ化したもの
です．表 5.9 により，自由度修正済み決定係数は 0.425 で，ある程度の説明
力があることを示しています．また，X の t 値は 5.92 で 2 を超えており，ま
たその P-値は 4.14E-07（0.000000414）で，0.01（1%）より低く 1%水準で
有意であることを示しています．求められた回帰式は，

$$y = 45.45x + 34980$$

となり，x（一人あたり県民所得）が千円増加すると，世帯あたりの外食支
出が 45.45 円増える傾向があることを示しています．図 5.18 は，各サンプ
ルをプロットし，回帰直線を加えたものです．

表 **5.9**：外食支出分析結果

R^2（決定係数）= 0.437629155

補正 R^2（自由度修正済み決定係数）= 0.425132025

分散分析表

	自由度	平方和（変動）	分散	観測された分散比	有意 F
回帰	1	14544920919	14544920919	35.01837296	4.13711E-07
残差	45	18690801028	415351134		
合計	46	33235721947			

	回帰係数	標準誤差	t 値	P-値
切片	34980.32677	21867.09261	1.599678905	0.116668225
X 値 1	45.45073276	7.680560375	5.917632378	4.13711E-07

5.2 回帰分析

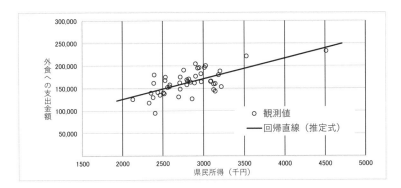

図 5.18：一人あたり県民所得と世帯あたり外食支出

練習問題 5.4

「統計でみる都道府県・市区町村のすがた」などで一人あたり県民所得で説明できそうな都道府県別（または県庁所在地別）のデータを探し，Excelで回帰分析をし，その結果をグラフ化，分析をしましょう．

5.2.7 単回帰分析と重回帰分析

■単回帰分析（独立変数が 1 つの場合） 単回帰分析とは，前項で説明したような独立変数が 1 つのとき，つまり $y = ax + b$ という式を用い，a と b を推定することです．

単回帰分析からは次のことがわかります．

- 独立変数は従属変数を説明している（影響している）か
- 説明しているならば，独立変数 1 単位の変化によって従属変数はどのくらい変化するか

■重回帰分析（独立変数が 2 つ以上の場合）　重回帰分析とは，次の図を例にすれば，独立変数を 2 つ（x_1 と x_2）以上用いて $y = a_1 x_1 + a_2 x_2 + b$ という式を考えて，a_1，a_2，b を推定することです．

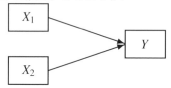

重回帰分析からは次のことがわかります．

- それぞれの独立変数は従属変数を説明している（影響している）か
- 説明しているならば，それぞれの独立変数 1 単位の変化によって従属変数はどのくらい変化するか
- どちらの独立変数がより高い説明力（強い影響力）を持っているか

5.2.8　Excel による重回帰分析

表 5.10 のデータで，エンド陳列（回）と 広告量 (GRP) を独立変数，販売数量（個）を従属変数とする重回帰分析を行います．

表 5.10：重回帰分析データ

週	エンド陳列（回）	広告量 (GRP)	販売数量（個）
1	6	200	50
2	3	200	40
3	4	400	60
4	2	100	30
5	2	150	35

■分析結果　単回帰分析の場合と同様に，Excel で簡単に分析できます．表 5.10 のデータの分析結果は表 5.11 のようになります．x_1 をエンド陳列，x_2

5.2 回帰分析 **109**

表 5.11：重回帰分析結果

R^2（決定係数）= 0.996722863

補正 R^2（自由度修正済み決定係数）= 0.993445727

分散分析表

	自由度	平方和（変動）	分散	観測された分散比	有意 F
回帰	2	578.0992608	289.0496304	304.1444444	0.003277137
残差	2	1.900739176	0.950369588		
合計	4	580			

	回帰係数	標準誤差	t 値	P-値
切片	16.35691658	1.200880132	13.62077375	0.005346903
エンド陳列（回）	2.925026399	0.323063538	9.054028239	0.011980006
広告量 (GRP)	0.079514256	0.004741277	16.77064293	0.003536648

を広告量，y を販売数量とすると，

$$y = 2.93x_1 + 0.0795x_2 + 16.36$$

という重回帰式を得ます．

5.2.9 標準化回帰係数

「どちらの独立変数がより高い説明力（強い影響力）を持っているか？」
を知りたい場合には，標準化回帰係数を求めます．標準化の意味について
は 4.9.3 項 (p.84) を参考にしてください [5]．表 5.10 のデータで求めた標
準化回帰係数は，エンド陳列が 0.4065，広告量が 0.7529 で，広告量の方
がエンド陳列回数よりも販売数量の変動を説明しています（定数項の値が
1.69358E−09 ≒ 1.69×10^{-9} となっており，極めて 0 に近い値となっている
こともわかります）．

---

[5] 標準化回帰係数は，独立変数と従属変数をそれぞれ標準化して回帰分析を行ったときの
回帰係数に等しくなります．

110　　　　　　　　　　　　　　　　　　　　　　　第 5 章　相関分析と回帰分析

練習問題 5.5

　表 **5.12** のデータについて，エンド陳列回数と広告量 (GRP) を独立変数，
販売数量を従属変数として重回帰分析を行いました．表 **5.13** は，その分析
結果です．これからわかることを書きなさい．

表 **5.12**：練習問題 **5.5** のデータ

週	エンド陳列回数	広告量 (GRP)	販売数量
1	6	100	600
2	4	200	500
3	4	400	700
4	2	50	300
5	2	100	350

表 **5.13**：練習問題 **5.5** の分析結果

概要

回帰統計	
重相関 R	0.9916
重決定 R2	0.9833
補正 R2	0.9665
標準誤差	30.6186
観測数	5

分散分析表

	自由度	変動	分散	観測された分散比	有意 F
回帰	2	110125	55062.5	58.7333	0.0167
残差	2	1875	937.5		
合計	4	112000			

	係数	標準誤差	t	P-値	下限 95%	上限 95%
切片	137.5	37.192	3.697	0.066	-22.526	297.526
エンド陳列回数	62.5	9.466	6.602	0.022	21.769	103.231
広告量 (GRP)	0.75	0.113	6.612	0.022	0.262	1.24

第6章

指数・対数と社会

学習の目標

✎ どのような場合に幾何平均を使うのか理解する．

✎ 指数関数と金利の関係を理解する．

✎ 金利などの社会現象を，指数関数で表現できるようになる．

✎ 現在価値について理解し，元金，利率，期間の関係を理解する．

✎ 対数の意味を理解し，利用できるようになる．

6.1 指数と社会

6.1.1 指数法則

まず，a の整数乗 (a^n) を考えます．$a \neq 0$ とします．

n が自然数のとき a^n は，a を n 回かけたことを意味します．たとえば，$2^3 = 2 \times 2 \times 2$ となります．また，n が 0 のときは，a がどのような実数でも 1 になります[*1]．$2^0 = 3^0 = (-5)^0 = 2.589^0 = 1$ となります．

n が負の整数のとき 次のようになります．

$$a^{-n} = \frac{1}{a^n} \qquad\qquad 例： 2^{-3} = \frac{1}{2^3} = \frac{1}{8}$$

$a^n \times a^m = a^{n+m}$ n, m を整数とすると，$a^n \times a^m = a^{n+m}$ が成り立ちます．たとえば，$2^3 \times 2^2 = (2 \times 2 \times 2) \times (2 \times 2) = 2 \times 2 \times 2 \times 2 \times 2 = 2^5$ となります．また $3^2 \times 3^{-3} = (3 \times 3) \times \dfrac{1}{3 \times 3 \times 3} = \dfrac{1}{3} = 3^{-1}$ となります．

$(a^n)^m = a^{nm}$ n, m を整数とすると，$(a^n)^m = a^{nm}$ となります．たとえば，$(2^3)^2 = (2 \times 2 \times 2)^2 = 2 \times 2 \times 2 \times 2 \times 2 \times 2 = 2^6$ となります．

n が整数ではないとき $a > 0$ とします．

n 乗根 平方根は，2 回かけるとルートの中になる数です．正の実数 c の n 乗根は，n 回かけるとルートの中の数になる正の実数で，$\sqrt[n]{c}$ と書き，

$$\overbrace{\sqrt[n]{c} \times \sqrt[n]{c} \times \cdots \times \sqrt[n]{c}}^{n \text{ 個}} = c$$

となる正の実数です．たとえば，16 の 4 乗根は，$\sqrt[4]{16}$ と表記し，$2 \times 2 \times 2 \times 2 = 16$ となるので，$\sqrt[4]{16} = 2$ となります．

$a^{\frac{1}{n}}$ n が自然数のとき，$a^{\frac{1}{n}} = \sqrt[n]{a}$ を表します．たとえば，$27^{\frac{1}{3}} = \sqrt[3]{27} = 3$ で，$10^{\frac{1}{5}} = \sqrt[5]{10} = 1.58489\cdots$ となります．

[*1] ただし，$a = 0$ の場合，0^0 は定義されていません．

6.1 指数と社会　　　　　　　　　　　　　　　　　　　　　　　　　**113**

指数表示　コンピュータなどで 9.88E12 のような表示がされることがあります．これは指数表示で，9.88×10^{12} を表します．また，9.88E−12 は $9.88 \times 10^{-12} = 9.88 \times \dfrac{1}{10^{12}}$ を表します．詳しくは，1.4 節 (p.11) を参照して下さい．

6.1.2　指数関数（同じ倍数で増える関数）

指数関数は，x が 1 増えたとき，一定倍（a 倍）になる関係を表現します．

- 毎年 1.03 倍になる預金（3%の利息がつく預金）
- 毎年の売上高が 1.1 倍になっている企業の売上高（毎年 10%の売上増）
- 毎年人口が 1.002 倍になる国の人口（毎年 0.2%の人口増）
- 毎年物価水準が，0.98 倍になる国の物価水準（2%のデフレ経済）
- 毎日 3 倍に増殖する細菌

表 6.1 に従って，毎年 1.03 倍になる預金の例の計算式を考えてみましょう．

表 6.1：毎年 1.03 倍になる預金

年	計算式 1	計算式 2	計算結果
0	1	$(1.03)^0$	1
1	1×1.03	$(1.03)^1$	1.03
2	$(1.03)^1 \times 1.03$	$(1.03)^2$	1.0609
3	$(1.03)^2 \times 1.03$	$(1.03)^3$	1.0927
4	$(1.03)^3 \times 1.03$	$(1.03)^4$	1.1255
5	$(1.03)^4 \times 1.03$	$(1.03)^5$	1.1593
x		$(1.03)^x$	

(1) 0 年目は，預けはじめなので 1 のままです．

(2) 1 年目は，預けはじめた 0 年目の 1 が 1.03 倍になるので，1.03 です．

(3) 2 年目は，1 年目の 1.03 に対して，1.03 倍になります．したがって，$1.03 \times 1.03 = (1.03)^2 = 1.0609$ となります．

(4) 3 年目は，2 年目の $(1.03)^2$ に対して，1.03 倍になります．したがって，

$(1.03)^2 \times 1.03 = (1.03)^3 = 1.0927$ となります.

(5) 同様に 4 年目, 5 年目と計算できます.

(6) 1 年目の計算式 2 は, 1.03 ですが, これは, $(1.03)^1$ を意味します.

(7) 0 年目は 1 です. 正の数を 0 乗した場合は 1 なので, 0 年目の計算式 2 は, $(1.03)^0$ と表すことができます.

(8) x 年目は, x 回 1.03 倍するので, $(1.03)^x$ になります. この式は, 年と計算式 2 で 1.03 が何乗されているかを見るとわかると思います.

x 年目がわかれば, 何倍になるかがわかるので, 関数で表します.

$$y = f(x) = 1.03^x$$

この関数では, x が 0 のとき 1 で, x が 1 大きくなれば, 1.03 倍になる関係です. ここでは, 1.03 倍ですが, 表 6.1 の 1.03 を別の数値に置き換えれば, いろいろな関係を表現できます. 1.15 倍ならば, $y = f(x) = 1.15^x$, 2.5 倍ならば, $y = f(x) = 2.5^x$ と表現できます.

最初に示したように, 何倍かになる性質を, 何%増加（または減少）という表現をします. その場合, 1 (100%) を加えて変換します. たとえば, 毎年 3%の利息がつく預金は, 3%（0.03）増大し, $1 + 0.03 = 1.03$ 倍になる預金です. 毎年 10%の売上が増大する企業は, 毎年, 売上が $1 + 0.1 = 1.1$ 倍になる企業です. また, 毎年 2% 物価水準が下落するのは, 毎年, -2% 増大することになるので, $1 - 0.02 = 0.98$ 倍になることを意味します.

---

x が 1 増えるごとに一定倍になるとき, 指数関数で表すことができます. 何倍になるかを a（ただし $a > 0$）とし, 初期 ($x = 0$) のときを 1 (100%) としたとき, 次式になります.

$$y = f(x) = a^x$$

何%増大（または減少）という記述の場合, 1 を加えて a を求めます.

6.1.3 電卓を使って指数の計算

Windows やスマートフォンのアプリや Google の Web アプリで関数電卓を使うことができます．Windows の電卓は，電卓の種類 を 関数電卓 とします．スマートフォンの場合，電卓の画面で横長にすると関数電卓が表示されます．Google の場合，検索窓に 電卓 と入力します．

a^b の計算をします．例として，$10.27^{4.5}$ を計算してみましょう．

(1) a を入力（キーボードから 10.27 を入力）

(2) x^y をクリック

(3) b を入力（キーボードから 4.5 を入力）

(4) $=$ をクリック

6.2 比率の平均値：幾何平均

倍数や比率などの平均値を考えてみます．その前に，算術平均の意味をもう一度考えてみましょう．

> 5 人の預金残高は，20 万，30 万，40 万，55 万，65 万です．5 人の平均の預金残高はいくらでしょう？

この場合，合計が $20 + 30 + 40 + 55 + 65 = 210$ で，人数 5 で割り，算術平均は 42 万になります．この 42 万の意味として，5 人が 42 万ずつ（同じ金額）預金を持っているとき，合計は 210 万になり，問題の預金残高の合計 210 万に一致します．

比率（倍数）の場合で考えてみましょう．

> ある細菌は 1 日目は 10,000 倍，2 日目は 1 日目の 100 倍になりました．平均何倍で増殖したでしょう？

この問題に対して，1,000 倍と答える人が多いと思います．実際，1,000 倍が正解です．しかし，算術平均では，$(10000 + 100)/2 = 5050$ 倍になります．

先ほどの預金残高の例だと，全員が平均値の預金残高を持っていれば，平均の合計は元の合計に一致しました．細菌の例では，1 日目は 10,000 倍，2 日目は 100 倍なので，この 2 日間で，合計 $10000 \times 100 = 1000000$ 倍になっています．そこで，平均を a 倍とします．算術平均と同じ考え方だと毎日 a 倍していき，2 日間の合計で 1,000,000 倍になればよいことがわかります．

$$a \times a = a^2 = 1000000$$

となる正の a を求めればよいことがわかります．この値は，次式のように 1000 になります．

$$a = \sqrt{1000000} = 1000$$

比率（倍数）の平均の場合，毎回，同じ倍数をかけていき，合計の倍数に一致する倍数を求めます．この倍数を**幾何平均**といいます．

表 6.2 は，日本の実質 GDP[2] です．1999 年度から 2004 年度までの 5 年間における，GDP の平均増減率は何％でしょうか？　表 6.2 の増減率の平均値 $\dfrac{2.49\% + -0.52\% + 0.89\% + 1.95\% + 1.69\%}{5} = 1.30\%$ でしょうか？　それとも，1999 年から 2004 年にかけて $\dfrac{2004 \text{ 年の GDP}}{1999 \text{ 年の GDP}} = 1.0664$ 倍となり，6.64％増大しているので，$\dfrac{6.64\%}{5} = 1.33\%$ でしょうか？　実は，どちらも正確には正しくありません．

1999 年度から 2004 年度の 5 年間，GDP は $1.0249 \times 0.9948 \times 1.0089 \times 1.0195 \times 1.0169 = 1.0664$ 倍になっています．平均値は，毎年同じ倍数（a 倍）で増大しているとします．5 年間で 1.0664 倍になっているので，

$$\overbrace{a \times a \times a \times a \times a}^{5 \text{ 個}} = a^5 = 1.0664$$

---

[2] 内閣府，国民経済計算（GDP 統計）2019 年より．

6.2 比率の平均値：幾何平均 **117**

表 **6.2**：日本の実質 **GDP**(単位**:10** 億円)

年度	GDP	前年比	増減率	年度	GDP	前年比	増減率
1999	452,885			2009	477,432	0.9782	-2.18%
2000	464,183	1.0249	2.49%	2010	493,030	1.0327	3.27%
2001	461,747	0.9948	-0.52%	2011	495,280	1.0046	0.46%
2002	465,846	1.0089	0.89%	2012	499,324	1.0082	0.82%
2003	474,931	1.0195	1.95%	2013	512,535	1.0265	2.65%
2004	482,962	1.0169	1.69%	2014	510,704	0.9964	-0.36%
2005	492,526	1.0198	1.98%	2015	517,420	1.0132	1.32%
2006	499,433	1.0140	1.40%	2016	521,980	1.0088	0.88%
2007	505,429	1.0120	1.20%	2017	531,887	1.0190	1.90%
2008	488,075	0.9657	-3.43%	2018	535,693	1.0072	0.72%

となる a を求めます．この a は，5 乗根で求めることができます．

$$a = \sqrt[5]{1.0664} = 1.0664^{\frac{1}{5}} = 1.0129$$

となり，毎年平均 1.0129（1.29%の増大）になります．

　a_i を倍数や倍率とします．$a_1, \ldots, a_n$ の幾何平均値は，

$$\sqrt[n]{a_1 a_2 \cdots a_n} = (a_1 a_2 \cdots a_n)^{\frac{1}{n}}$$

で定義されています．

　1999 年度から 2004 年度に何倍になったかは，

$$\frac{\text{最終年（2004 年度）の値}}{\text{最初の年（1999 年度）の値}} = \frac{482962}{452885} = 1.0664$$

と求めることができます．n 年間の幾何平均による平均の増減率は，

$$\left(\frac{\text{最終年の値}}{\text{最初の年の値}} \right)^{\frac{1}{n}} - 1$$

で求めることができます．たとえば，2013 年度から 2018 年度にかけての 5 年間の平均の増減率は，

$$\left(\frac{535693}{512535}\right)^{\frac{1}{5}} - 1 = 1.0452^{0.2} - 1 = 1.0089 - 1 = 0.0089 = 0.89\%$$

となります．

練習問題 6.1

表 6.2 について，以下の問題に答えよ．

(1) 2004 年度から 2008 年度までの 4 年間で，GDP が平均何倍になったかを求めなさい．

(2) 2009 年度から 2013 年度までの 4 年間で，GDP が平均何倍になったかを求めなさい．

(3) (1) を使って，2004 年度から 2008 年度までの 4 年間における GDP の平均増減率を求めなさい．

(4) (2) を使って，2009 年度から 2013 年度までの 4 年間における GDP の平均増減率を求めなさい．

(5) 2007 年度から 2017 年度までの 10 年間で，GDP が平均何倍になったか，および平均増減率を求めなさい．

(6) ある会社で，8 年間で売上を 2 倍にする目標が設定されました．毎年一定の倍数で売上を増加させるとすると，毎年何倍にすればよいでしょうか？ また，その増減率を求めなさい．

※ $a > 0$ の 4 乗根は，

$$\sqrt[4]{a} = a^{\frac{1}{4}} = (a^{\frac{1}{2}})^{\frac{1}{2}} = \sqrt{\sqrt{a}}$$

となるので，$\boxed{\sqrt{}}$ キーを 2 回押せば値を得ます．同様に 8 乗根は 3 回, 16 乗根は 4 回押せば値を得ます．

6.3 金利計算

6.3.1 複利計算

指数関数の応用例として，複利計算があります．

元金 100 円を年利 10%で 5 年間借りていくらになるかを考えてみます．
毎年 10%の利息ですから，5 年間で 50%，150 円の借金になっていると考え
ることもできます．これは単利法という簡便な計算方法で，実務で 1 年未満
とか 1 か月未満といった短期の場合の計算に使います．本書では，複利計算
（指数関数）で計算します．計算は，

期	期首（初め）の金額	利息 期首の金額×10%	期末の金額 期首の金額 + 利息
1 年目	100	10	110
2 年目	110	11	121
3 年目	121	12.1	133.1
4 年目	133.1	13.31	146.41
5 年目	146.41	14.641	161.051

と 161 円になります．元金を $P > 0$, 利率を $r > 0$, 期間を $n > 0$ とすると，

	期首の金額	利息	期末の金額
1 年目	P	Pr	$P + Pr = P(1 + r)$
2 年目	$P(1 + r)$	$P(1 + r)r$	$P(1 + r)^2$
3 年目	$P(1 + r)^2$	$P(1 + r)^2 r$	$P(1 + r)^3$
$\vdots$	$\vdots$	$\vdots$	$\vdots$
n 年目	$P(1 + r)^{n-1}$	$P(1 + r)^{n-1} r$	$P(1 + r)^n$

となります．したがって，x 年後の元利合計 $f(x)$ は，

$$f(x) = P(1 + r)^x \tag{6.1}$$

のような指数関数となります．図 **6.1** は，$P=1$ として，金額が何倍になるのかを示しており，$P=1$ 以外のときは，図 6.1 のグラフが P 倍されたものになります．図 6.1 は，さまざまな金利 (r) で x が変化したとき，金額がどのように変化するのかを示したものです．$r=0.18\,(18\%)$ は，利息制限法の 10 万円以上 100 万円未満での制限利息です[*3]．消費者金融の多くは，この 18% に近い金利です．変動金利の住宅ローンを約 3.5%，10 年国債を約 1.23%，銀行の 1 年の定期預金を約 0.09% として計算しました．

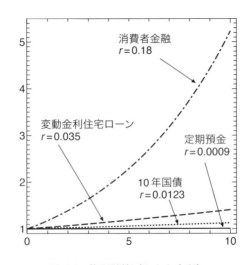

図 **6.1**：複利計算（おもな金利）

6.4　現在価値

「現在すぐに得られる 1 万円」と「1 年後に得られる 1 万円」ではどちらが価値があるでしょうか？「現在すぐに得られる 1 万円」の方が価値があります．理由は，もし 1 年後に 1 万円が必要であれば，「現在すぐに得られる

[*3] 数学の学習以外の目的に利用する場合は，法律などの専門書を参照してください．

6.4 現在価値 **121**

1万円」を銀行に預金すれば利息を得られるからです．また，現在すぐに1万円必要であれば，「1年後に得られる1万円」では，借金をして利息を払わなくてはなりません．どちらにしろ，「現在すぐに得られる1万円」の方が価値があります．

そこで，1年後に得られる1万円を，現在の価値に変換することができます．この変換した価値を**割引現在価値**，または単に**現在価値**と呼びます．

考え方は簡単です．将来の受け取り（将来価値）を F とし，P を現在価値として，F から P を求めます．

利子率 r を $0.1 (10\%)$ とし，現在すぐ P 円得られれば，1年後は，

$$F = P \times (1 + 0.1)^1$$

になります．この値 (F) と，1年後の1万円が等しいわけですから，$10000 = P \times 1.1$ から，$P = 9091$ となります．これを確かめると，9,091円に10%の利息909がつくと10,000円になります．したがって，1年後の10,000円は，現在の9,091円に等しくなります．つまり，年利10%とすると，1年後の10,000円の現在価値は9,091円ということになります．

n 年後に F 円得られるものの年利 r で割り引いた現在価値 P は，

$$F = P \times (1 + r)^n$$
$$P = \frac{F}{(1 + r)^n}$$

で求められます．たとえば，5年後 $(n = 5)$ の1,000,000円 $(F = 1000000)$ を，利率8% $(r = 0.08)$ で割り引いた現在価値 P は，680,583円になります．

$$P = \frac{1000000}{(1 + 0.08)^5} = 680583$$

練習問題 6.2

(1) 年利3%の預金があります．10年後は何倍になるでしょうか？

(2) 年利 3%の 10 万円の預金では，10 年後はいくらになるでしょうか？

(3) 年利 8%の預金があります．10 年後は何倍になるでしょうか？

(4) 年利 8%の 100 万円の預金では，10 年後はいくらになるでしょうか？

(5) 10 年後に 100 万円得られます．利子率 3%で割り引くと現在価値はいくらでしょうか？

(6) 2 年後に 100 万円得られます．利子率 10%で割り引くと現在価値はいくらでしょうか？

(7) 1 年目は 5%，2 年目は 1%の利息がつく預金があります．平均何%の利息がつく預金でしょうか？（平均の倍率）

(8) 100 万円預けて，10 年後に 200 万円得られる預金があります．年利何%の預金でしょうか？（平均の倍率）

(9) 売上高が毎年 15%増大する企業の売上高について，x を年数，y を売上高とします．ただし，0 年目を基準の年とし，その年の売上高を 1 とします．この関係を関数で表現しましょう．

(10) 売上高が毎年 15%増大する企業の売上高について，x を年数，y を売上高とします．ただし，0 年目の売上高を 1,000 万円とします．この関係を関数で表現しましょう．

(11) 人口が毎年 1.2%増大する国の人口について，x を年数，y を人口とします．ただし，0 年目を基準の年とし，その年の人口を 1 とします．この関係を関数で表現しましょう．

(12) 人口が毎年 1.2%増大する国の人口について，x を年数，y を人口とします．ただし，0 年目の人口を 300 万人とします．この関係を関数で表現しましょう．

(13) 物価水準が，毎年 3%下落する国の物価水準について，x を年数，y を物価水準とします．ただし，0 年目を基準の年とし，その年の物価水準を 100 とします．この関係を関数で表現しましょう．

(14) 年利 1.5%の預金について，x を経過した月数，y を預金額とします．また，初期 ($x = 0$) の預金額を 4,000 円とします．この関係を関数で表現しましょう．

6.5 対数 **123**

(15) 月利 0.8% の預金について，x を経過した年数，y を預金額とします．また，初期 $(x = 0)$ の預金額を 1,000 円とします．この関係を関数で表現しましょう．

6.5 対数

指数の逆で，a を何乗かしたら b になったとき，その何乗を $\log_a b$ と記述し，これを，a を底（てい）とする対数（たいすう）と呼びます (log はログと読みます).

$$a^x = b \text{ ならば } x = \log_a b$$

となります．ただし，$a > 0$ とします．たとえば，

$$2^3 = 8 \text{ ならば } 3 = \log_2 8$$

となります．また，$3^4 = 81$ より，$\log_3 81 = 4$ で，$\log_5 30 = 2.1132\cdots$ です．また，$a = 10$ のとき**常用対数**と呼び，$a = e = 2.71828\cdots$ のとき**自然対数**といいます [*4]．自然対数の場合，底の e を省略して $\log A$ と書いたり，$\ln A(= \log_e A)$ と書くこともあります．

電卓などでは，底が 10 もしくは e のときの値しか計算できません．底が 10 や e 以外のときは，次の**底の変換公式**を使って計算します．

$$\log_a C = \frac{\log_b C}{\log_b a}$$

たとえば，$\log_5 7$ は，

$$\log_5 7 = \frac{\log_{10} 7}{\log_{10} 5}$$

を用いて求めます．

[*4] e を**自然対数の底**もしくは**Napier** 数と呼びます．詳しくは 10.1 節で学習します．e はファイナンス分野で連続時間の金利を表すときなどにたびたび出てきます．

124　　　　　　　　　　　　　　　　　　第6章　指数・対数と社会

6.5.1　対数を使って n を求める（金利計算）

金利計算の基本式は，$F = P \times (1 + r)^n$ でした．F と P と r がわかっている場合，対数を使えば n を求めることができます．

$$F = P \times (1 + r)^n$$

$$\frac{F}{P} = (1 + r)^n$$

より，次式になります．

$$n = \log_{(1+r)} \frac{F}{P} = \frac{\log_{10} \frac{F}{P}}{\log_{10}(1 + r)}$$

たとえば，元金 $(P =)$10 万円，年利 $(r =)$10％で，$(F =)$50 万円になるまでの年数 (n) は，

$$\frac{\log_{10}(500000/100000)}{\log_{10}(1 + 0.1)} = \frac{\log_{10} 5}{\log_{10} 1.1} = \frac{0.699}{0.0414} = 16.9$$

で，16.9 年かかることがわかります．

6.5.2　電卓を使っての対数の計算

対数は，自然対数，常用対数以外は $\log_a B = \dfrac{\log_{10} B}{\log_{10} a}$ を使って計算します．では，$\log_a B$，たとえば，$\log_{2.5} 4.6$ を計算してみましょう．

(1) B の値を入力（キーボードから 4.6 を入力）
(2) 　log　 をクリックし，　/　 をクリック
(3) a を入力（キーボードから 2.5 を入力）
(4) 　log　 をクリックし，　=　 をクリック

電卓では，常用対数（$\log_{10}$）は 10 が省略されて log と表記されています．

6.6 金利計算 ― まとめと少し複雑な問題 ― **125**

練習問題 **6.3**

(1) 年利 18%の約束で借金をしたとき，借入金の元利合計が 5 倍になるの
   は，何年後でしょうか？（小数点以下 2 桁まで求めよ）
(2) 年利 3%の約束で借金をしたとき，借入金の元利合計が 10 倍になるの
   は，何年後でしょうか？（小数点以下 2 桁まで求めよ）

6.6　金利計算　― まとめと少し複雑な問題 ―

6.6.1　金利計算のまとめ

　複利計算は，n 年後の支払額（将来価値）を F，元金（現在価値）を P，利
子率を r とすると，

$$F = f(n, r, P) = P(1 + r)^n \tag{6.2}$$

と表現できます．F は，n，P，r の 3 つの変数の関数と考えます．ただし，
$F > 0$，$n > 0$，$P > 0$，$r > 0$ とします．

　この関数は，3 つの変数のうち 2 つを固定して，残りの 1 つを変化させる
と，狭義単調増加関数（常に増加する関数，7.4.3 節で学習）になります．こ
れは，次の常識にも合致しています．

P：同じ年数，利率ならば，元金 P が多ければ多いほど支払額 F は大きい．
r：同じ年数，元金ならば，利率 r が高ければ高いほど支払額 F は大きい．
n：同じ利率，元金ならば，年数 n が長ければ長いほど支払額 F は大きい．

　したがって，式 (6.2) の 4 つの変数のうち，3 つがわかっていれば，他の 1
つを求めることができます．それぞれを数式で書くと次のようになります．

$$P = \frac{F}{(1+r)^n} \tag{6.3}$$

$$r = \left(\frac{F}{P}\right)^{\frac{1}{n}} - 1 \tag{6.4}$$

$$n = \log_{(1+r)}\left(\frac{F}{P}\right) = \frac{\log_{10}(\frac{F}{P})}{\log_{10}(1+r)} \tag{6.5}$$

6.6.2 金利計算の学習 Web

P, F, r, n のうち，1 つが不明の場合の学習 Web を作成しました．

(1) 「ビジネス数理基礎」のホームページから 金利計算（複利）を対話的に
学習する web をクリックします．
(2) どの変数が不明なのかを選択し，指示に従い学習していきます．

6.6.3 複数の債券に分割

複雑そうな問題でも，問題を分割して考えれば簡単に解が求まります．

■**例題**　額面 100 万円の債券があり，5 年後に額面の金額が償還され，また，毎年末額面の 5% の利息が支払われます．現在の利子率が 1% としてこの債券の価格を求めなさい．

問題文の額面や利息にとらわれず，次のような問題に置き換えます．1～4 年目は 5 万円，5 年目は 105 万円受け取れる 5 枚の債券のセットと考えます．すると，表 **6.3** のように，5 枚それぞれの債券の現在価値を求め，それらの現在価値の和（約 119 万）が元の債券の現在価値（価格）になります．

6.6.4 ローン，年金計算

6.6.1 項で見たように式 (6.2) の金利計算では，現在価値 P が増えれば，n

6.6 金利計算 ― まとめと少し複雑な問題 ― **127**

表 **6.3**：債券価格（回数 **1 ～ 5** の **5** 枚セット）

回数 (i)	支払（償還）額 (F_i)	$F_i = P_i \times (1 + r)^i$	現在価値 (P_i)
1	50,000	$F_1 = P_1 \times 1.01^1$	49,505
2	50,000	$F_2 = P_2 \times 1.01^2$	49,015
3	50,000	$F_3 = P_3 \times 1.01^3$	48,530
4	50,000	$F_4 = P_4 \times 1.01^4$	48,049
5	1,050,000	$F_5 = P_5 \times 1.01^5$	999,039
合計	1,250,000		1,194,138

と r が一定のとき，F は必ず増えます．このような関係は他の変数との間でも成り立ちます．r が高くなれば，P と n が一定のとき，F は増加します．さらに，n が長くなれば，P と r が一定のとき，F は増加します．これらの性質を利用すれば，複雑な計算も試行錯誤で値を入力していくと求められます．

■**例題** 年利 8% で，100 万円借金をし，5 年間毎年年末に，均等額（同じ額）支払うことにしました．毎年の支払額はいくらになりますか？

この問題も 5 つの借金に分割して考え，**表 6.4** のような表を作成します．5 つの借金 ― 1 年後に返済するもの，$\cdots$，5 年後に返済するもの ― があるとします．それぞれの現在価値（元金）を，$P_1, \cdots, P_5$（$P_1, \cdots, P_5$ の値は異なります）とします．毎年の返済額（F）は一定です．毎年の返済額（F）を適当に定め，式 (6.3) を利用して各回の元金（$P_1, \cdots, P_5$）を求めます．

毎年の返済額 (F)↑ → 各回の元金 (P_i)↑ → 元金の合計（借入額）↑

という関係が成り立ちます（↑は増加という意味）．そこで，F の値を調節し

て，元金の合計がちょうど 100 万円になるようにします．したがって，まず，

$$P_1 + P_2 + P_3 + P_4 + P_5 = 1000000$$

となります．毎年の支払い額は F で，年利 8%ですから，式 (6.3) より，

$$\frac{F}{1.08^1} + \frac{F}{1.08^2} + \frac{F}{1.08^3} + \frac{F}{1.08^4} + \frac{F}{1.08^5} = 1000000$$

これを計算すると毎年 250,456 円になります．

表 6.4 : ローン計算

回数	支払額	計算式	元金 (現在価値)
1	F	$P_1 = \frac{F}{(1+0.08)^1}$	P_1
2	F	$P_2 = \frac{F}{(1+0.08)^2}$	P_2
3	F	$P_3 = \frac{F}{(1+0.08)^3}$	P_3
4	F	$P_4 = \frac{F}{(1+0.08)^4}$	P_4
5	F	$P_5 = \frac{F}{(1+0.08)^5}$	P_5
合計			1,000,000

　同様の計算で，年金の計算ができます．年金は，一括である金額を払い込んで，毎回同じ金額を受け取ります．ローンの問題では，借りる立場で計算しましたが，年金の問題では，貸す立場で同じ計算をします．借入額が一括で払い込む金額，毎年の支払額が，毎回の受取額に対応します．

6.6.5　Web による金利計算シミュレーション

　複数の債券に分割して考えるとき，試行錯誤の計算など手間がかかります．そこで，試行錯誤で求める Web を作成してあります．

■積立型（毎回積立額（元金）を求める）　積立の目標額（総額）を決め，指定した回数で毎回同額を積み立てていき，最終回の翌回に受け取るもので

6.6 金利計算 — まとめと少し複雑な問題 — **129**

す．回数と利子率（毎月だったら月利）を定め，毎回の積立額を変化させ，目標の総額に一致させます．例では月利 0.1%，目標額 400,000 円，積立回数は 12 回とします．

(1) 問題設定 回数と利子率を設定します．回数には 12, 利子率は 0.1%を入力します．初回の積立額のみ異なる場合は，オプションにチェックを入れ，その初回の積立額を入力します．

(2) 毎回積立額（1 回目） 新毎回積立額を入力します（例：30000）．

(3) 毎回積立額（2 回目以降） 総積立額 362349 と下方に計算表が表示されます．目標額より少ないので，毎月の積立額を増やし，総積立額がほぼ 400000 になるまで繰り返します．

＊「自動で毎回積立額を計算」にチェックを入れ，目標額 400000 を指定すると自動で目標値になる積立額を計算します．

■ローン・年金型（毎回の支払額を求める） ローンは借金をし，毎回同じ額を支払うもので，年金は一括で払い込み毎回同額受け取るものです．借りるものか貸すものかの違いで，計算方法は同じです．利子率と適当な毎回の支払額を入力し，その現在価値を求めます．その現在価値の総和が，借入額または年金の払込額に等しくなるように，毎回の支払額を調整します．支払い回数 5 回，利子率 8%，借入額 100,000 円のローンの例で説明します．

(1) 問題設定 回数と利子率を設定します．回数は 5, 利子率は 8%とします．

(2) 毎回支払額（1 回目） 毎回支払額を入力します（例：25000）．

(3) 毎回積立額（2 回目以降） 下方に表が表示され，各回の支払額の現在価値が表示されます．現在価値の総和は目標額の 100000 より少ないので，毎回の支払額を増やします．

＊「自動で毎回積立額を計算」にチェックを入れ，目標額 100000 を指定すると自動で目標値になる積立額を計算します．

130 第 6 章 指数・対数と社会

■**現在価値（元金）を求める**　毎回の支払額はわかっているとき，その現在価値を求めます．試行錯誤の計算はしません．債券価格の例で説明します．

(1) 問題設定　回数と毎回の支払額，利子率を設定します．回数には 5，毎回の支払額 50000，利子率は 3 ％を入力してみます．また，最終回のみ異なるので，チェックを入れ，最終回の支払額を 1050000 とします．
(2) 計算結果　現在価値の合計は，1,091,594 円になります．下方に表が表示され，各回の支払額の現在価値が表示されます．

■**利子率を求める**　毎回の支払額と現在価値（の総和）がわかっている場合の利子率を求めます．額面 100 万円の債券があり，5 年後に額面の金額が償還され，また，毎年末に額面の 5％の利息が支払われます．この債券を 90 万円で購入（現在価値）したとき，この債券の利子率を求める例で説明します．この問題も 1 年後に 5 万円，…，4 年後に 5 万円支払われる 4 枚の債券と，5 年後に 105 万円支払われる債券とのセットとして考えます．

(1) 問題設定　回数と毎回の支払額を設定します．回数には 5，毎回の支払額 50000 を入力します．また，最終回のみ異なるので，チェックを入れ，最終回の支払額を 1050000 とします．
(2) 利子率（1 回目）　適当な利子率を入力します（例:4％）．
(3) 利子率（2 回目以降）　現在価値の合計は，1044520 円と表示されます．利子率を下げれば，現在価値の合計額は上がるという逆の関係があるので，利子率を上げます．

＊「自動で利子率を計算」にチェックを入れ，目標額 900000 を指定すると自動で目標値になる利子率を計算します．この例題の場合，7.47％になります．

6.6.6　ゴールシーク，ソルバー

　6.6.5 項では，Web を使って，試行錯誤により，いろいろな値を求めました．また，P と n を固定し，r を高くすれば，F は増大するような関係を単

6.6　金利計算　― まとめと少し複雑な問題 ―　　　　**131**

調性 [*5] といいます．この単調性を利用すれば，より複雑な問題でも値を求めることができます．

　試行錯誤で値を求めることは，表計算ソフトウェアでは「ゴールシーク」や「ソルバー」と呼ばれている機能で実現しています．

　図 6.2 は，表 6.3 の債券価格の例題（5 枚セット）の計算を表計算ソフトウェア (Excel) で行っているものです．毎期支払額（債券に記載された名目上の利息額, セル C1），償還額（セル C2），利率 r（セル C3）を変更すると，各期の現在価値を計算し，その合計額 (債券価格) を計算するものです．ただし，最終期（5 期）の支払額は，毎期利息額と償還額の合計で計算しています．毎期支払額や最終期支払額を増大させると各期の現在価値は増大し，債券価格が増大します．また利率 r を増大させると，各期の現在価値は減少し，債券価格は減少します．

	A	B	C	D
1		毎期支払額	20, 000	
2		償還額	1, 000, 000	
3		利率r	4. 26%	
4				
5	期	支払額	(1+r)^n	現在価値
6	1	20, 000	1. 0426	19, 182
7	2	20, 000	1. 0871	18, 398
8	3	20, 000	1. 1334	17, 646
9	4	20, 000	1. 1817	16, 924
10	5	1, 020, 000	1. 2321	827, 850
11	現在価値の合計　（債券価格）			900, 000

	A	B	C	D
1		毎期支払額	20000	
2		償還額	1000000	
3		利率r	0. 0426288600054	
4				
5	期	支払額	(1+r)^n	現在価値
6	1	=$C$1	= (1+$C$3)^A6	=B6/C6
7	2	=$C$1	= (1+$C$3)^A7	=B7/C7
8	3	=$C$1	= (1+$C$3)^A8	=B8/C8
9	4	=$C$1	= (1+$C$3)^A9	=B9/C9
10	5	=$C$1+C2	= (1+$C$3)^A10	=B10/C10
11	現在価値の合計　（債券価格）			=SUM(D6:D10)

図 **6.2**：現在価値の合計を求める例題（左：表，右：計算式の設定）

　「毎期支払額」，「償還額」と「債券価格」がわかっていて，「利率 r」を求めるには，セル C1 とセル C2 にその値を入力し，セル C3 を試行錯誤で変更し，セル D11 がその債券価格になるようにします．たとえば，毎期支払額 20,000 円，償還額 1,000,000 円，債券価格 900,000 円にしようとするとき，利率 r を 4.26%にすると，債券価格は 900,119 円になります．

[*5] 詳しくは，7.4 節で学習します．

132   第 6 章　指数・対数と社会

　この試行錯誤の作業を自動で行うのが，表計算ソフトウェアのゴールシークという機能で，Excel の場合，データのリボン → データツール → What-If 分析 → ゴールシークで利用します．「数値入力セル」が債券価格の D11 で，「目標値」が 900,000，「変化させるセル」が利率 r が記載されている C3 になります．　OK　ボタンをクリックすると，試行錯誤の計算が行われ，C3 は 4.2629%になり，債券価格は 900,000 になります．求めるそれぞれの値の設定方法を**表 6.5** に示します．

　ソルバーは，ゴールシークを高機能化したもので，変化させるセルを複数にしたり，数値入力のセルの目標値を最大値にしたり，セルの値に制約条件を課したりできます．

表 6.5：ゴールシークの設定

求める値	数値入力セル	目標値	変化させるセル
利率 r	D11	債券価格を入力	C3
毎期支払額	D11	債券価格を入力	C1
償還額	D11	債券価格を入力	C2

第 7 章

関 数

学習の目標

✎ 連続関数とはどのような関数かを理解する.

✎ 逆関数とはどのようなものかを理解し,どのようなときに逆関数が作れるのかを考える.

✎ 関数の単調性を理解し,単調性があるとどのようなメリットがあるのかを理解する.

✎ 区分線型の関数を操作できるようになる.

7.1 社会科学と数式

社会科学では，さまざな分野で数式が使われています．数式を使ってモデルを作成することにより，より科学的に，客観的に，社会現象を考察できるからです．

社会現象を記述するとき，よく $y = ax + b$ のような 1 次式（1 次関数）を使います．1 次式がよく使われる理由は，第 1 に，単純で扱いやすいことがあげられます．計算が楽にできますし，式の性質を読み取るのも比較的容易です．第 2 に，限られた範囲で使うとき，直線で表せば十分な場合が多々あります．広い範囲で複雑な関数であっても，狭い範囲で考えれば，直線で考えることができます．また，1 次式を使って分析するモデルは，**線型モデル**と呼ばれます．

いくつか，簡単な例をあげましょう．

■**財市場**　財市場は，マクロ経済学の財・サービス市場の例で，国家単位のモデルです．消費者は，所得のうち一定部分を消費（財やサービスの購入）します．その国全体で考えると，

$$C = aY + b \tag{7.1}$$

という式になります．C は一国全体の消費，Y は一国全体の所得です．b は，所得が 0 でも生きていくために必要な消費で，**基礎消費**と呼ばれています．a は，所得が 1 増えたときどれくらいの割合を消費にまわすかを示すもので，**限界消費性向**と呼ばれています．通常，a, b は，パラメータ（一定の値）として考え，Y, C は，変数（変化する値）として考えます．

a や b の値は，国民の習慣や Y の大きさによって変わりますし，そもそも式 (7.1) のような単純なものではないことは容易に想像がつくと思います．しかし，Y が分析対象となっている国の現在の所得水準付近という狭い範囲であれば，式 (7.1) が成立していると考えて分析しています．

7.2 定義域・値域と連続関数 135

所得 (Y) は，消費 (C) するか貯蓄 (S) するかのどちらかです．

$$Y = C + S \tag{7.2}$$

式 (7.1) と式 (7.2) を合わせれば，

$$S = (1 - a)Y - b \tag{7.3}$$

となります．これは，貯蓄関数と呼ばれています．

■需要・供給関数　これらはミクロ経済学の例です．価格が狭い範囲での変化ならば，需要，供給関数を 1 次関数として分析できます．p.47 の 3.2.3 項を参照してください．

7.2　定義域・値域と連続関数

■定義域と値域　関数を使うときには，定義域と値域（ちいき）を定めます．定義域は，関数 $y = f(x)$ の x が取り得る範囲です．通常は，暗黙のうちに，x の取り得る範囲は実数全体とされています．関数は，利用範囲を限定して定義域を決めます．たとえば，負の生産数量はあり得ないとして，$x \geqq 0$ のように定義域を非負の実数にすることがあります．

また，y の取り得る範囲を値域と呼びます．

■連続関数　関数をグラフに描いたとき，関数の値がつながっているものを連続関数といいます．図 **7.1** の (A) の直線や (B) の曲線は連続関数です．(C) の直線 2 本は，$x = 8$ で不連続になっており，(D) の直線 3 本は，$x = 5$ と $x = 10$ で階段状に不連続になっており，連続関数ではありません．

＜参考＞数学的には，X，Y ともある実数の区間または実数全体として，関数 $f : X \to Y$ が，ある点 $p \in X$ で，

$$\lim_{x \to p} f(x) = f(p)$$

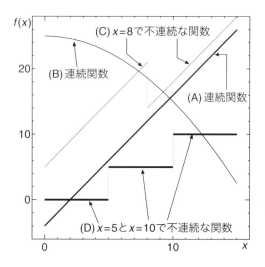

図 7.1：連続関数・不連続な関数の例

ならば，f は点 p で連続であるといい，すべての $p \in X$ で連続であるとき，関数 f を連続関数といいます（lim については 8.1.2 項で紹介します．また，数学的な説明は，10.1 節を参照してください）．

中間値の定理　中間値の定理は，次のようなものです．

> 中間値の定理：$a < b$ として，$f(x)$ を閉区間 $X = \{x \mid a \leqq x \leqq b\}$ で，連続な関数とします．$f(a) \neq f(b)$ ならば，$f(a)$ と $f(b)$ の任意の中間の値を p に対して，$f(x) = p$ となる $x \in X$ が存在する．

たとえば，$f(x)$ が $1 \leqq x \leqq 5$ で連続で，$f(1) = 2$, $f(5) = 10$ とします．このとき 2 と 10 の中間の任意の値 p（たとえば 5）として，$f(x) = p$ となる x が 1 つ以上存在します．

図 7.2 は中間値の定理を表したもので，$f(1) = 2$, $f(5) = 10$ となる連続関数を 3 つ（$f^{(1)}(x)$, $f^{(2)}(x)$, $f^{(3)}(x)$）描いてみました（点 A から B への曲線）．$f(x) = 5$ となるということは，図の太線のラインを横切ったり，接し

7.3 逆関数

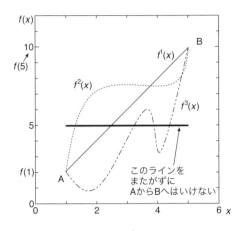

図 7.2: 中間値の定理

たりすることです．どの関数も，$f(x) = 5$ となるライン（太線）を必ず横切っていて，必ず $f(x) = 5$ となる x が存在することを示しています．

念のため，点 A から点 B まで連続な関数の条件を満たして，太線を横切らない関数をつくれるかどうか考えてみてください．条件としては，

(1) 関数なので，同じ x に対して，2 つの $f(x)$ があってはいけない．
　　→ 左から右へ移動し，後戻りや同じ x でとどまることはできない．

(2) 連続なので，線が途切れたり，ジャンプをしてはいけない．

があります．

7.3　逆関数

関数 $y = f(x)$ は，x の値を 1 つ決めれば，y の値がただ 1 つ決まるというものです．たとえば，

$$y = f(x) = 3x + 7 \tag{7.4}$$

で，$x = 3$ とすれば，y の値は 16 に決まりました．

逆に，y の値を 16 に決めれば，x の値は 3 に決まります．y の値から，x の値を求めるには，式 (7.4) を変形します．

$$x = \frac{y - 7}{3}$$

元の関数は，$f(x)$ でした．$f(x)$ は，x から y を求めているのに対して，上の式では，y から x を求めています．このような逆の関係を，**逆関数**と呼び，$f^{-1}(y)$ と書きます．

$$x = f^{-1}(y) = \frac{y - 7}{3} \tag{7.5}$$

逆関数も関数で，$f^{-1}(y)$ の y の値を決めれば x の値が 1 つだけ決まります．

7.3.1　逆関数が存在する条件

ある関数 $y = f(x)$ に対して，いつでも逆関数が存在するかというと，そうではありません．図 **7.3** は，

$$y = f^{(1)}(x) = 2x - 2$$
$$y = f^{(2)}(x) = 0.3(x - 2)^2 - 2$$

をグラフ化したものです．$f^{(1)}$，$f^{(2)}$ は，x の値を 1 つ決めれば y の値が 1 つ決まるので，関数であることがわかります．

$f^{(1)}$ では，y の値を 1 つ決めたとき，x の値が 1 つ決まります．たとえば，$y = 10$ としたときの $y = f^{(1)}(x)$ は，$x = 6$ を示しており，1 つ x の値が決まります．

$f^{(2)}$ では，y の値を 1 つ決めたとき，x の値が 1 つ決まるとは限りません．$y = 2$ としたとき，y 軸の 2 から右に直線をのばしていくと，$x = 5.65$ 付近で，$f^{(2)}$ の曲線と交わります．また，y 軸の 2 から左に直線をのばしていくと，$x = -1.65$ 付近で，$f^{(2)}$ の曲線と交わります．この関数では，y を 2 としたとき，x が 2 個求まり，関数となりません．したがって，逆関数は存在しません．

また，$f^{(2)}$ で，$y = -3$ としたとき，x の値が 1 つも決まりません．

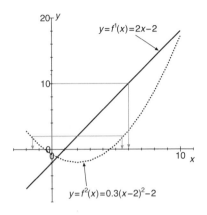

図 **7.3**：逆関数の存在

7.4 単調な関数

関数をグラフにしたとき，曲線が常に右上がり，または右下がりのとき，**単調な関数**といいます．単調性は，経済学をはじめ多くの社会科学で使います．

7.4.1 単調増加関数

関数 f を考えたとき，曲線が常に右上がりのとき，**単調増加関数**または**非減少関数**といいます．いい換えると，x が増加したとき $f(x)$ の値が増大するか同じであるとき（少なくても減少しないとき），単調増加関数といいます．少し数学的に書くと，

$$x_1 \leqq x_2 \to f(x_1) \leqq f(x_2) , \quad \forall x_1, x_2 \in X$$

という性質を持っている関数を単調増加関数といいます[*1]．次の図 **7.4** を見て下さい．

[*1] 式中の「$\forall x_1, x_2 \in X$」は「集合 X（定義域）に含まれるすべての要素 x_1, x_2」という意味です．

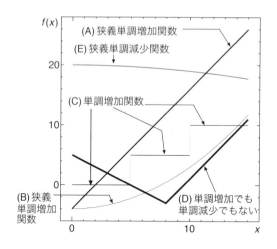

図 7.4：単調な関数の例

- (A) の直線は，x の値が大きくなるにつれて，$f(x)$ の値も大きくなるという性質を持っています．したがって，単調増加（非減少）関数です．
- (B) の曲線も x の値が大きくなるにつれて，$f(x)$ の値も大きくなるという性質を持っています．したがって，単調増加関数です．
- (C) の直線群は，水平線で不連続な点で大きくなっています．横線の部分では，$f(x)$ の値は減少していませんし，不連続な点では $f(x)$ の値は増大しています．したがって，この直線群も単調増加関数です．また，$f(x) = 10$ のような水平線も単調増加関数です．
- (D) の直線は，$0 \leqq x \leqq 8$ で $f(x)$ の値が減少します．したがって，単調増加関数ではありません．

7.4.2 単調減少関数

単調増加関数が右上がりの曲線であったのに対して，単調減少関数（非増加関数）は右下がりの曲線で，x が増大するにつれ，$f(x)$ の値は少なくとも

7.4 単調な関数　　　　　　　　　　　　　　　　　　　　　　　141

増大しない関数をいいます．少し数学的に書くと，

$$x_1 \leqq x_2 \rightarrow f(x_1) \geqq f(x_2) \ , \ \forall x_1, x_2 \in X$$

という性質を持っている関数を**単調減少関数**といいます．図 7.4 の (E) の曲線は，x が増大するにつれ，$f(x)$ の値が減少するので単調減少関数です．

7.4.3　狭義単調関数

　単調増加関数は，x の値が大きくなったとき，$f(x)$ の値が同じままであることを許しました．必ず増大するというように単調増加関数の条件を強めた関数を**狭義（強意の）単調増加関数**といいます．いい換えると，x 軸と平行な部分もあってはいけないという意味です．数学的に書くと，

$$x_1 < x_2 \rightarrow f(x_1) < f(x_2) \ , \ \forall x_1, x_2 \in X$$

という性質を持っている関数をいいます．

　図 7.4 では，(A) の直線と (B) の曲線があてはまり，(C) の直線は，x 軸と平行の部分があるので，狭義単調増加関数とはいえません．

　また逆に，x のどこでも $f(x)$ の値が減少するという条件にあてはまる関数を**狭義（強意の）単調減少関数**といいます．図 7.4 では，(E) の曲線があてはまります．数学的に書くと，

$$x_1 < x_2 \rightarrow f(x_1) > f(x_2) \ , \ \forall x_1, x_2 \in X$$

という性質を持っている関数をいいます．

　単調増加関数 $y = f(x)$ では，同じ値を出力することがあり，逆関数が存在しないことがあります．たとえば，$f(1) = 3, f(2) = 3, f(3) = 5$ となるとき，$y = 3$ の x は，1 と 2 があります．したがって，逆関数が必ず存在するためには，狭義の単調な関数である必要があります．

　以上をまとめると，

連続な狭義単調増加関数や狭義単調減少関数は，逆関数が存在する．

となります.たとえば (B) の曲線は,$f(0) = 0$,$f(15) = 11$ であり,また,$0 \leqq x \leqq 15$ で狭義単調増加関数ですので,逆関数が存在します.図 7.4 で,y 軸の $y \leqq 11$ の範囲で 1 つ点をとったとき,(B) の曲線で対応する x の点が 1 つ定まることからわかります.同様に,(A) や (E) の場合も逆関数が存在することを確かめましょう.

練習問題 7.1

図 7.5 の関数のうち,それぞれあてはまるところをチェックしましょう.

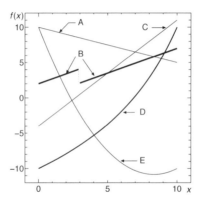

図 **7.5**:連続,単調な関数はどれ？

	連続	単調増加	狭義単調増加	単調減少	狭義単調減少	すべてにあてはまらない
A						
B						
C						
D						
E						

7.5　2分検索

7.5.1　狭義単調関数の解を求める

図 **7.6** は，定義域を $X = \{x \mid x \geq 0\}$ とする狭義単調増加関数
$$f(x) = x^{0.81} + 0.065x$$
をグラフ化したものです．このとき，$f(x) = 10$ となる x を数学的にきちんと求めるのは，かなりやっかいなことです．しかし，だいたいの値（近似値）ならば，図 7.6 のグラフの値を読んで，$x \fallingdotseq 15$ であることがわかります．もう少し，正確な値を求めるには，$x = 15$ 付近の適当な値で $f(x) = x^{0.81} + 0.065x$ を計算して，もっとも 10 に近い x を探す方法もあります．そこで，$f(x)$ が狭義単調増加関数であることを利用して，$f(x) = 10$ となる x の近似値を，小数第 2 位を四捨五入して，小数第 1 位まで求めます．手順の一部を図 7.6 に記述しました．

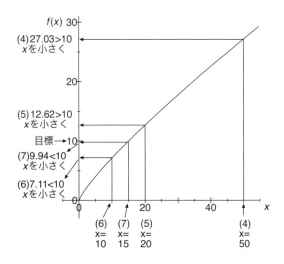

図 **7.6**：$f(x) = x^{0.81} + 0.065x$

(1) まず，定義域に端があるときは，その端の値を求めてみます．定義域の下限は 0 なので，$f(0)$ を求めてみます．$f(0) = 0$ となります．

(2) $f(x) \geqq 10$ になるような大きめの x で，$f(x)$ を計算してみます．たとえば，$x = 100$ として $f(x)$ を計算すると，$f(100) = 48.19$ となります．もし $f(100) < 10$ ならば，もっと大きな x を試してみます．

(3) (1) の $f(0) = 0$，(2) の $f(100) = 48.19$ と $f(x)$ が狭義単調増加関数であるから，$f(x) = 10$ となる x は，$0 < x < 100$ となることがわかります．

(4) そこで，0 と 100 の中間の値 50 で試してみます．$f(50) = 27.03$ となります．したがって，$f(x) = 10$ となる x は，$0 < x < 50$ となります．

(5) 0 と 50 の中間の値 20 で試してみます（中間の値であれば，何でもかまいません．真ん中の値は 25 ですが，ここではきりの良い 20 で試してみました）．$f(20) = 12.62$ となります．したがって，$f(x) = 10$ となる x は，$0 < x < 20$ となります．

(6) 0 と 20 の中間の値 10 で試してみます．$f(10) = 7.11$ となります．したがって，$f(x) = 10$ となる x は，$10 < x < 20$ となります．

(7) 10 と 20 の中間の値 15 で試してみます．$f(15) = 9.94$ となります．したがって，$f(x) = 10$ となる x は，$15 < x < 20$ となります．

(8) 15 と 20 の中間の値 17 で試してみます．$f(17) = 11.03$ となります．したがって，$f(x) = 10$ となる x は，$15 < x < 17$ となります．

　しばらく繰り返していき，$f(15.2) = 10.051$，$f(15.1) = 9.996$ であることから，$15.1 < x < 15.2$ になっていることがわかります．

(9) 15.1 と 15.2 の中間の値，15.15 で試してみます．$f(15.15) = 10.024$ となります．したがって，$f(x) = 10$ となる x は，$15.10 < x < 15.15$ となります．これを満たす x は，小数第 2 位で四捨五入するとき 15.1 になります．したがって，$f(x) = 10$ となる x は 15.1 であることがわかりました．

　このように，解が存在すると考えられる範囲を 2 つの領域に分割し，い

7.5 2分検索 145

ずれに解があるかを判定しながら範囲を狭めていく方法を**2分検索**といいます.

以上は,狭義単調増加関数の場合でしたが,狭義単調減少関数の場合でも同様な方法で求めることができます.狭義の単調関数であれば,複雑な関数でも計算を繰り返せば,おおまかな解を求めることができます.実際,コンピュータで数値計算を行うとき,このような方法で求めることがあります.

7.5.2 2分検索 Web

2分検索を行う Web は,入学年と番号の入力欄に入力した数値によって $f(x) = 0$ となる適当な狭義単調増加関数を生成します.その狭義単調増加関数の $f(x) = 10$ となる x を,2分検索で小数第1位まで求めます.

練習問題 **7.2**

$f(x) = 10$ となる x を小数第1位まで求めなさい.

7.5.3 ゴールシークとの関係

このような2分検索は,コンピュータが得意とするところです.表計算ソフトウェアは,6.6.6項で学習したゴールシークという機能で実現できます.たとえば,$f(x) = x^{0.81} + 0.065x$ で,$f(x) = 10$ となる x を求めてみます.セル A1 を x を入力するセルとします.A2 を $f(x)$ を計算するセルとし,A2 に

$$=A1\char94 0.81+0.065*A1$$

という計算式を設定します.次にゴールシークを起動し,

数値入力するセル:A2   目標値:10   変化させるセル:A1

とし,実行すると x が求まり,A1 に表示されます(この例は 15.106).

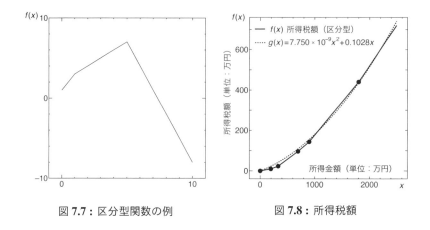

図 **7.7**：区分型関数の例　　　　　図 **7.8**：所得税額

7.6　区分型関数

7.6.1　区分型関数とは

区分型関数は，次の式のように定義域をいくつかに分割しして定められる関数をいいます．図 **7.7** は，次式のグラフです．

$$f(x) = \begin{cases} 2x + 1 & (0 \leqq x < 1) \\ x + 2 & (1 \leqq x < 5) \\ -3x + 22 & (5 \leqq x \leqq 10) \end{cases}$$

上の式では，3 つの式が並べて表記されていますが，式の右に書かれている x の範囲が，それぞれの式が有効である範囲を示しています．

7.6.2　所得税額の計算

実際の例として，2019 年時点での所得金額 [*2] から，所得税額を計算する関数 $f(x)$ を求めてみましょう．計算方法は，表 **7.1** の数値を使い，

[*2] 収入から，必要経費，社会保険料などを差し引いた金額です．

7.6 区分型関数 147

表 **7.1** : 所得税の税額表

所得金額	税率	控除額
0 円以上 1,950,000 円未満	5%	0 円
1,950,000 円以上 3,300,000 円未満	10%	97,500 円
3,300,000 円以上 6,950,000 円未満	20%	427,500 円
6,950,000 円以上 9,000,000 円未満	23%	636,000 円
9,000,000 円以上 18,000,000 円未満	33%	1,536,000 円
18,000,000 円以上 40,000,000 円未満	40%	2,796,000 円
40,000,000 円以上	45%	4,796,000 円

所得税額 = 所得金額 × 税率 − 控除額 で計算します [*3]. たとえば，所得金額が 500 万円の人の所得税額は，次式になります.

$$500 万円 \times 0.2 - 42.75 万円 = 57.25 万円$$

次式は，表 7.1 を式で表したものです.

$$f(x) = \begin{cases} 0.05x & (0 \leqq x < 1950000) \\ 0.10x - 97500 & (1950000 \leqq x < 3300000) \\ 0.20x - 427500 & (3300000 \leqq x < 6950000) \\ 0.23x - 636000 & (6950000 \leqq x < 9000000) \\ 0.33x - 1536000 & (9000000 \leqq x < 18000000) \\ 0.40x - 2796000 & (18000000 \leqq x < 40000000) \\ 0.45x - 4796000 & (40000000 \leqq x) \end{cases} \quad (7.6)$$

図 **7.8** の実線を見ると，所得金額と所得税額の関係がよくわかります. まず，$f(x)$ は連続関数であることがわかります. 途中でジャンプをしたりしていません. もし，不連続な関数で途中でジャンプをして，大幅に所得税額が上がるような関数だと，その不連続な点に近づくと，所得金額を増やさな

[*3] 所得税額は，年によっては定率減税や 100 円未満の金額の切り捨てなどがありますが，本書では単純化しています.

いように（あまり働かないように）する人が多くなり，勤労意欲をそぐこと
になります．また，すべての x で，直線の傾き a は $0 < a < 1$ となっていま
す．$0 < a$ は，所得金額が増えれば，必ず所得税額が増大することを示して
おり，$a < 1$ は，所得金額が増えたとき，その所得金額が増えた分以上に所
得税額が増えることはない（所得金額が増加したとき，手取りの金額が減る
ことはない）ことを示しています．

図 7.8 の点線は，2 次関数

$$g(x) = (7.750 \times 10^{-9})x^2 + 0.1028x$$

をグラフ化したものです．$f(x)$ の区分型関数と $g(x)$ は，ほとんど一致して
います．累進課税の所得税は，概念上，$g(x)$ のように少しずつ税率が上昇す
る滑らかな曲線が望ましいのですが，法律の記述のしやすさや計算のしやす
さから，$f(x)$ のように区分型関数で決められています．

7.6.3 区分型関数のグラフ化 Web

区分型関数をグラフ化する Web を使って，所得金額と所得税額のグラフ
を作成してみましょう．

7.6.4 所得税額の計算の種明かし

実は，このように連続関数になるには，仕掛けがあります．表 7.1 はいき
なり作ったのではなく，次の例のように作ったものです．たとえば，500 万
円の所得金額の所得税額は，

範囲		範囲の幅	税率	所得税額
0〜195 万円までの所得	→	195 万円	5%	9.75 万円
195〜330 万円までの所得	→	135 万円	10%	13.5 万円
330〜500 万円までの所得	→	170 万円	20%	34 万円
合計				57.25 万円

7.6 区分型関数 **149**

と計算します（これは，500 万円 × 20% − 42.75 万円 = 57.25 万円 に一致します）．つまり，所得金額が多い人でも，額が小さい部分の所得税は，小さい額の税率が課せられています．330 万円から 500 万円までの人の所得金額を x とすれば所得税額は，

$$195 \times 5\% + 135 \times 10\% + (x - 330) \times 20\% = 0.2x - 42.75 \text{ 万円}$$

となり，330 万円から 500 万円までの人の所得税額を求める式が導かれました．

7.6.5 所得税額から所得金額を求める（逆関数）

所得税額を求める関数は，狭義単調増加関数です．したがって，逆関数を求めることができます．この場合，各定義域に対応する値域を求めて，その逆関数を求めていきます．

(1) 「区分型関数のグラフ化」などを使って，各定義域の範囲に対して，値域の範囲を求めます（**表 7.2**）．また，連続性や狭義の単調性も確認し，逆関数が存在することを確かめます．

表 7.2 : 定義域と値域

	$f(x)$	定義域	対応する値域
(a)	$f(x) = 0.05x$	0 ~ 1950000	0 ~ 97500
(b)	$f(x) = 0.1x - 97500$	1950000 ~ 3300000	97500 ~ 232500
(c)	$f(x) = 0.2x - 427500$	3300000 ~ 6950000	232500 ~ 962500
(d)	$f(x) = 0.23x - 636000$	6950000 ~ 9000000	962500 ~ 1434000
(e)	$f(x) = 0.33x - 1536000$	9000000 ~ 18000000	1434000 ~ 4404000
(f)	$f(x) = 0.4x - 2796000$	18000000 ~ 40000000	4404000 ~ 13204000
(g)	$f(x) = 0.45x - 4796000$	40000000 ~	13204000 ~

(2) (a) の場合，$y = 0.05x$ なので，$x = 20y$ となります．

(3) (a) の場合，逆関数の定義域は (a) の値域 0 ~ 97500 になります．

$$f^{-1}(y) = 20y, \qquad 0 \leqq y < 97500$$

(4) (b) の場合 $f(x) = 0.1x - 97500$ より，$x = 10y + 975000$ となります．

(5) (b) の定義域は，対応する値域，97500 ～ 232500 になります．

(6) (c) ～ (g) についても同様に計算します．

(7) 以上をまとめて，逆関数の式を記述します．

$$f^{-1}(y) = \begin{cases} 20y & (0 \leqq y < 97500) \\[2mm] 10y + 975000 & (97500 \leqq y < 232500) \\[2mm] 5y + 2137500 & (232500 \leqq y < 962500) \\[2mm] \dfrac{100}{23}y + \dfrac{63600000}{23} & (962500 \leqq y < 1434000) \\[3mm] \dfrac{100}{33}y + \dfrac{153600000}{33} & (1434000 \leqq y < 4404000) \\[3mm] 2.5y + 6990000 & (4404000 \leqq y < 13204000) \\[1mm] \dfrac{20}{9}y + \dfrac{959200}{9} & (13204000 \leqq y) \end{cases}$$

練習問題 7.3

電気料金は，基本料金と使用量に応じた従量料金の和です．表 **7.3** は，家庭用の従量料金の表で，30A の契約の場合 819 円の基本料金が加わります．

表 **7.3**：家庭用電力料金（東京電力，**2013** 年 **11** 月現在）

使用量の範囲	1kWh あたりの料金
最初の 120kWh まで	18.98 円
120kWh を超え 300kWh まで	25.19 円
上記超過分	29.10 円

120kWh を超え 300kWh までの電気料金の計算式を求めます．まず，120kWh のときの電気料金を求めます．これは，18.98 円の 120kWh 分と基

本料金の和，$18.98 \times 120 + 819 = 3096.6$ となります．次に，120kWh を超えた分は 1kWh あたり 25.19 円なので，電気使用量を xkWh($120 < x \leqq 300$) とすると，電気料金の計算式は次式のようになります．

$$f(x) = (x - 120) \times 25.19 + 3096.6 = 25.19x + 73.8$$

(1) 電気使用量を xkWh として，電気料金を計算する関数 $f(x)$ を数式で定義しなさい（式 (7.6) のような式）．
(2) $f(x)$ をグラフ化しなさい（Web を利用してもよい）．
(3) $f(x)$ の連続性と単調性を調べなさい．
(4) もし，$f(x)$ が連続関数で，狭義単調増加もしくは狭義単調減少関数であったら，逆関数を求めなさい．

7.7 指数・対数関数

7.7.1 指数関数の性質

図 7.9 は，指数関数 $f(x) = a^x$（ただし，$a > 0$）の例です．

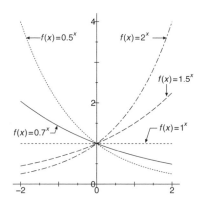

図 7.9 : 指数関数

152   第 7 章 関 数

連続性 指数関数は，連続関数です．

単調性 a の値により異なります．

$a > 1$ ならば，狭義単調増加関数です．

$0 < a < 1$ ならば，狭義単調減少関数です．

$a = 1$ ならば，どのような x でも $f(x) = 1$ となります．

a の変化 a の値により異なります．

$a > 1$ のとき：a が大きくなれば，曲線の勾配は急になります．$0 < a < 1$ のとき：a が大きくなれば，曲線の勾配は緩やかになります．

7.7.2 対数法則

$(0 < a < 1$ または $1 < a)$，$(0 < b < 1$ または $1 < b)$，$C > 0$，$D > 0$，$E > 0$ とします．

$\log_a CD = \log_a C + \log_a D$

理由（参考）：$a^p = C$，$a^q = D$ とすると，$p = \log_a C$，$q = \log_a D$ となります．また，$CD = a^p \times a^q = a^{p+q}$ となるため，$\log_a CD = p + q$ が成り立ちます．したがって，$\log_a CD = p + q = \log_a C + \log_a D$ となります．

$\log_a \dfrac{C}{E} = \log_a C - \log_a E$

理由（参考）：$E = 1/D$ とすれば，上の対数法則より明らかです．

$\log_a C^n = n \log_a C$

理由（参考）：$p = \log_a C$ とすると，$a^p = C$，両辺を n 乗すると，$a^{pn} = C^n$ となり，$\log_a C^n = pn$ となります．$p = \log_a C$ の両辺を n 倍すれば，$pn = n \log_a C$ となります．したがって，$\log_a C^n = n \log_a C$ となります．

$\log_a C = \dfrac{\log_b C}{\log_b a}$ （重要：底の変換公式）

理由（参考）：$p = \log_a C (a^p = C)$, $q = \log_b C (b^q = C)$, $r = \log_b a (b^r = a$ は $b = a^{1/r}$ は意味する）とする．$a^p = C$ と $b^q = C$ より，$a^p = b^q$ となり，$b = a^{1/r}$ を代入して，$a^p = b^q = (a^{1/r})^q = a^{q/r}$ となり，$p = q/r$ となります．p, q, r をもとの対数で表現すれば，$\log_a C = \dfrac{\log_b C}{\log_b a}$ となります．

$\log_a a = 1$

　　理由（参考）：$a^1 = a$ より，この法則は成り立ちます．

$\log_a 1 = 0$

　　理由（参考）：$a^0 = 1$ より，この法則は成り立ちます．

7.7.3　片対数のグラフ

$f(x) = a^x$ の指数関数をグラフ化していくと，図 7.10（左）のように，一部の曲線しか表示されません．そこで，縦軸（y 軸）の目盛を対数にしてグラフ化（図 7.10（右））すると，見やすいグラフになります．

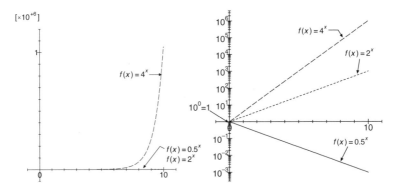

図 7.10：通常のグラフ（左）と，片対数グラフ（右）

片対数グラフの y 軸は，図 7.11 のように，目盛が 1 増えるごとに，10 倍になるように設計されています．y 軸と x 軸の交点は $(0, 1)$ になっていま

す．$(0,0)$ は，y 軸を下へ無限大に伸ばしたところにあります．y 軸の位置は，x 軸と y 軸の交点を $(0,0)$ として，$\log_{10} f(x)$ になります．したがって，$f(x) = a^x$ の場合，$\log_{10} a^x = (\log_{10} a)x$ となり，$\log_{10} a$ を傾きとする直線になります．したがって，指数関数 $f(x) = a^x$ のグラフでは，片対数のグラフを用いると直線でグラフを描くことができます．

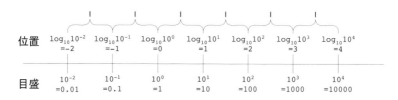

図 **7.11**：片対数の目盛

図 **7.12** は，6.3 節で取り上げた金利計算を用いて描いた 50 年分の複利計算のグラフです．しかし，消費者金融の部分のみしか表示されず，他の金利の変化がわかりにくくなっています．そこで，片対数のグラフで描くと図 **7.13** のようになります．

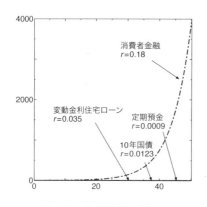

図 **7.12**：複利計算のグラフ

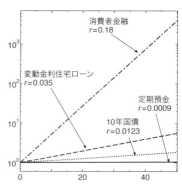

図 **7.13**：複利計算の片対数のグラフ

第 8 章

微 分 ・ 積 分

学習の目標

✎ 微分とは，関数の傾きを求めることであることを理解する．

✎ 導関数と元の関数の単調性との関係を理解する．

✎ 導関数と元の関数の最大値，最小値の関係を理解する．

✎ 積分とは何かを理解する．

8.1 微分とは

微分とは，関数の傾き（増減の程度）を求めることをいいます．高校の教科書では，微分という言葉は出てこなくても，「**関数の傾きと変化**」という名前で紹介されていることがあります．

本章の数学的な説明は，関数の極限は 10.1 節，導関数は 10.2 節，偏微分は 10.3 節，定積分は 10.5 節を参照してください．

8.1.1 平均変化率・瞬間変化率

関数 $f(x)$ の傾きとは何でしょうか？　傾きは，ある x で，x の値をほんの少し増やしてみたとき，$f(x)$ がどれくらい増えるかを表しています．図 **8.1** は，$y = f(x) = x^2$ のグラフです．$p = (1, 1)$ から，ほんの少しの値を 0.5 として増やしてみると，y の値は 1.25 増えています $(1.5^2 - 1^2 = 2.25 - 1 = 1.25)$. このほんの少し変化させる値を Δx と書きます（Δ はデルタと読みます）．ここでは，$\Delta x = 0.5$ となります．それに対応して，y の値も変化するので，その変化分を Δy で記述します．

$$\Delta y = f(x + \Delta x) - f(x) = f(1.5) - f(1) = 1.5^2 - 1^2 = 1.25$$

図 8.1 のように，$q = (x + \Delta x, y + \Delta y) = (1.5, 2.25)$ とします．x が増えたとき，y がどれくらい増えたかを表すとき，p と q を結ぶ直線の傾きで表し，これを**平均変化率**と呼びます．x が 0.5 増えたとき，y は 1.25 増えたのですから，平均変化率は，次式より 2.5 になります．

$$\frac{\Delta y}{\Delta x} = \frac{1.25}{0.5} = 2.5$$

点 p での瞬間変化率を求めるには，Δx をだんだん小さくしてみればわかります．表 **8.1** は，Δx を小さくしたとき，平均変化率 $\Delta y / \Delta x$ がどのように変化するのかを見たもので，Δx が小さくなるにつれ，$\Delta y / \Delta x$ が 2 に近づいていることがわかります．

8.1 微分とは

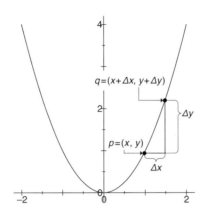

図 8.1: 平均変化率

表 8.1: $x = 1, f(1) = 1$ における平均変化率の変化

Δx	$f(x + \Delta x)$	$\Delta y = f(x + \Delta x) - f(x)$	$\Delta y/\Delta x$
0.5	2.25	1.25	2.5
0.1	1.21	0.21	2.1
0.01	1.0201	0.0201	2.01
0.0001	1.00020001	0.00020001	2.0001

このように Δx を小さくして 0 に近づけていき，$\Delta y/\Delta x$ の極限の値を x での**瞬間変化率**といいます．

8.1.2 導関数

$f(x) = x^2$ の $x = 1$ のときの瞬間変化率は表 8.1 で求めましたが，他の x の瞬間変化率はいくつになるでしょうか？ x をいろいろ変えてみて，瞬間変化率がどのようになるのかを求めてみると，**表 8.2** のようになりました．

表 8.2 を見ると，瞬間変化率は，$2x$ という関数で表すことができるので

第 8 章　微分・積分

表 8.2：$f(x) = x^2$ の瞬間変化率

x	瞬間変化率 $f'(x)$
-1	-2
0	0
1	2
2	4
3	6

はないかと推測できます．実際，瞬間変化率は，$f'(x) = 2x$ という関数で表すことができます．この元の関数 $f(x) = x^2$ に対して，瞬間変化率の関数 $f'(x) = 2x$ を**導関数**といいます．導関数は，元の関数 $f(x)$ にダッシュ (′) をつけて，$f'(x)$ と記述します．

　表を使わずに，式の展開で $f(x) = x^2$ の導関数を求めてみましょう．

$$\lim_{\Delta x \to 0} \frac{\Delta y}{\Delta x}$$

$\lim_{\Delta x \to 0}$ は，Δx を無限に 0 に近づけることを意味します．

もし，$\Delta x = 0$ だと，分母は 0 になってしまい計算できません．

$$= \lim_{\Delta x \to 0} \frac{f(x + \Delta x) - f(x)}{\Delta x} = \lim_{\Delta x \to 0} \frac{(x + \Delta x)^2 - x^2}{\Delta x}$$

$$= \lim_{\Delta x \to 0} \frac{x^2 + (\Delta x)^2 + 2x\Delta x - x^2}{\Delta x} = \lim_{\Delta x \to 0} \frac{(\Delta x)^2 + 2x\Delta x}{\Delta x}$$

$$= \lim_{\Delta x \to 0} \frac{(\Delta x + 2x)(\Delta x)}{\Delta x} = \lim_{\Delta x \to 0} \Delta x + 2x$$

Δx は，無限に 0 に近づくので

$$= 2x$$

となります．したがって，$f(x) = x^2$ の導関数は，$f'(x) = 2x$ になります．

8.1.3 いろいろな関数の導関数（参考）

表 **8.3** は，よく使う関数の導関数と微分法の公式です．たとえば，

$$f(x) = 3x^3 + 2x^2 + 5x + 4$$

の導関数は，$x^3 \rightarrow 3x^2$，$x^2 \rightarrow 2x$，$5x \rightarrow 5$，$4 \rightarrow 0$ で，次式になります．

$$f'(x) = 9x^2 + 4x + 5$$

表 **8.3**：おもな関数の導関数

元の関数 ($f(x)$)	導関数 ($f'(x)$)
$f(x) = x^n, (n = 1, 2, 3, \cdots)$	$f'(x) = nx^{n-1}$
$f(x) = C, (C$ は定数$)$	$f'(x) = 0$
$f(x) = \dfrac{1}{x}$	$f'(x) = -\dfrac{1}{x^2}$
$f(x) = \dfrac{1}{x^n}$	$f'(x) = -\dfrac{n}{x^{n+1}}$
$f(x) = \sqrt{x}$	$f'(x) = \dfrac{1}{2\sqrt{x}}$
$f(x) = {}^n\sqrt{x}$	$f'(x) = \dfrac{1}{n \times {}^n\sqrt{x^{n-1}}}$
$f(x) = a^x$	$f'(x) = a^x \log_e a (e$ は自然対数$)$
$h(x) = f(x) \pm g(x)$	$h'(x) = f'(x) \pm g'(x)$
$h(x) = af(x)$	$h'(x) = af'(x) (a$ は定数$)$
$h(x) = f(x)g(x)$	$h'(x) = f'(x)g(x) + f(x)g'(x)$
$h(x) = \frac{g(x)}{f(x)}$	$h'(x) = \frac{g'(x)f(x)-g(x)f'(x)}{\{f(x)\}^2}$
$h(x) = f(g(x))$ （合成関数）	$h'(x) = f'(g(x)) \times g'(x)$

8.2 導関数と最大値,最小値

8.2.1 元の関数と導関数の関係(単調性との関係)

図 8.2(左)は次の 3 次関数 $f(x)$,同(右)はその導関数 $f'(x)$ をグラフ化したものです.定義域は,$X = \{x | -10 \leqq x \leqq 10\}$ とします.

$$f(x) = \frac{1}{3}x^3 + 2x^2 - 21x + 20$$
$$f'(x) = x^2 + 4x - 21$$

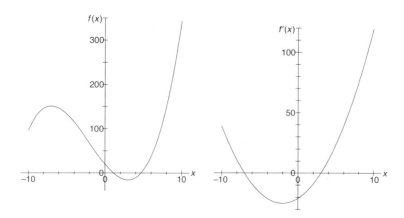

図 8.2:$f(x)$(左)と,$f(x)$ の導関数 $f'(x)$(右)

導関数は,瞬間変化率の関数でした.したがって,元の関数が増加していれば,瞬間変化率は正で,導関数の値も正になり,逆に減少していれば,瞬間変化率は負で,導関数の値も負になります.また,増加も減少もしていなければ,導関数の値は 0 になります.図 8.2 でその関係が成り立っていることを確かめましょう.

元の関数と導関数の関係をまとめると,次のようになります.

8.2 導関数と最大値，最小値 **161**

$$f'(x) > 0 \iff f(x) \text{ は，増加}$$
$$f'(x) = 0 \iff f(x) \text{ は，変化なし}$$
$$f'(x) < 0 \iff f(x) \text{ は，減少}$$

$f'(x)$ がいつも正であれば単調増加関数になります．

$$f'(x) > 0 \iff f(x) \text{ は，狭義単調増加関数}$$
$$f'(x) \geqq 0 \iff f(x) \text{ は，単調増加関数}$$
$$f'(x) < 0 \iff f(x) \text{ は，狭義単調減少関数}$$
$$f'(x) \leqq 0 \iff f(x) \text{ は，単調減少関数}$$

たとえば，$f(x) = 3x^2 + 3$ とその導関数 $f'(x) = 6x$ については，次のことがいえます．

$$x > 0 \rightarrow f'(x) = 6x > 0 \rightarrow \text{ 狭義単調増加関数}$$
$$x < 0 \rightarrow f'(x) = 6x < 0 \rightarrow \text{ 狭義単調減少関数}$$

練習問題 **8.1**

学習 Web に 微分の概念を学習 を用意しました．やってみましょう．

8.2.2 限界概念

　経済学などでは，微分した導関数の値を**限界値**と呼び，いろいろなところで利用しています．たとえば，x を財の量，$u(x)$ を効用（うれしさの程度）を表す関数とし，**効用関数**と呼んでいます（**図 8.3（左）**参照，効用関数の定義域は，通常 $X = \{x \mid 0 \leqq x\}$ です）．このとき，$u(x)$ を x で微分した導関数 $u'(x)$ の値を**限界効用**といいます．限界効用は，得られる財の量がほんの少し増えたとき，効用値がどれくらい増えるかを示したものです．

　一般に，得られる財の量が増えれば増えるほど，効用は増加するので，効用関数は，狭義単調増加関数 $u'(x) > 0$ とします．また，財の量 x が多くなれば，得られる財の量がほんの少し増えたときの限界効用の値は，だんだん

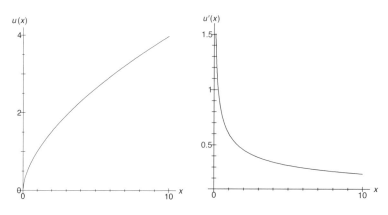

図 **8.3**：効用関数 $u(x)$（左）と，その導関数 $u'(x)$（右）

小さくなるとしています．たとえば，米 1kg から 1.1kg になるときの効用の増加のほうが，1000kg から 1000.1kg になるときの効用の増加にくらべて大きいとしています．したがって，図 **8.3**（右）のように，限界効用のグラフは右下がりになります．このことを「限界効用逓減の法則」といいます．

$u'(x)$ は，右下がり，すなわち狭義単調減少関数です．これは，導関数 $u'(x)$ の導関数が負になっていることを意味します．導関数の導関数，$u(x)$ を x で 2 度微分した関数を $u''(x)$ で表します．したがって，「限界効用逓減の法則」は，$u''(x) < 0$ と表現されます．このことを単に，「効用関数 $u(x)$，ただし $u'(x) > 0$, $u''(x) < 0$」のように記載することがあります．

他にも，微分した値をしばしば「限界◯◯」と呼びます．たとえば，7.6 節で示した所得金額から所得税額を求める関数，

$$f(x) = \begin{cases} 0.05x & (0 \leqq x < 1950000) \\ 0.1x - 97500 & (1950000 \leqq x < 3300000) \\ 0.20x - 427500 & (3300000 \leqq x < 6950000) \\ 0.23x - 636000 & (6950000 \leqq x < 9000000) \\ 0.33x - 1536000 & (9000000 \leqq x < 18000000) \\ 0.40x - 2796000 & (18000000 \leqq x) \end{cases}$$

は，控除額があり，所得の一定割合が税額とはなっていません．所得が少し

8.2 導関数と最大値，最小値　　　　　　　　　　　　　　　　**163**

増えたとき，税額がどれくらいの割合で増えるかという関数を考えます．これが，$f(x)$ の導関数 $f'(x)$ で，**限界税額**とか**限界税率**と呼ばれています．

$$f'(x) = \begin{cases} 0.05 & (0 \leqq x < 1950000) \\ 0.10 & (1950000 \leqq x < 3300000) \\ 0.20 & (3300000 \leqq x < 6950000) \\ 0.23 & (6950000 \leqq x < 9000000) \\ 0.33 & (9000000 \leqq x < 18000000) \\ 0.40 & (18000000 \leqq x) \end{cases}$$

この $f'(x)$ を見ると，$f'(x) > 0$ となっており，所得が増えれば，税額も増えることを示しています．また，$f'(x) < 1$ となっており，所得が増えても増えた以上に税額は増えないことを意味しています．また $f'(x)$ は，階段状ですが，単調増加関数になっています．これは，所得が多くなれば，限界税率も増加するという「累進課税」を示しています．

8.2.3　最大値・最小値

$f'(x)$ が連続関数のとき，元の関数 $f(x)$ が「増加から減少」または「減少から増加」に転じるのは，$f'(x)$ が 0 になっている点です．増減の度合いを表す $f'(x)$ が，正から負に転じれば $f(x)$ は増加から減少に，負から正に転じれば $f(x)$ は減少から増加に転じます．

再び，図 8.2（左）を見てください．$f(x)$ の定義域を $-10 \leqq x \leqq 10$ として，$f(x)$ の最大値，最小値を求めてみましょう．最初，100 くらいから始まって増加し，減少し，再び増加しています．最大値は，グラフから $f(10) = \dfrac{1030}{3}$，最小値は，グラフから $f(3) = -16$ となります．

グラフを使わずに，最大値，最小値を求めましょう．増加，減少が変わる点，$f'(x) = 0$ となる点があやしいので，2 次方程式

$$f'(x) = x^2 + 4x - 21 = (x - 3)(x + 7) = 0$$

を解き，$x = 3$，$x = -7$ の 2 つの解を得ます．$f(x)$ と $f'(x)$ の関係は，

x	-10		-7		3		10
$f'(x)$		$+$	0	$-$	0	$+$	
$f(x)$	$\frac{290}{3}$	増加	$\frac{452}{3}$	減少	-16	増加	$\frac{1030}{3}$

となります．このような表を**増減表**といいます．したがって，最大値 $x = 10$ で $f(10) = \dfrac{1030}{3}$，最小値 $x = 3$, $f(3) = -16$ となります．また，$x = -7$, $x = 3$ は，$f(x)$ の山や谷になっているので，$f(3) = -16$ を**極小値**，$f(-7) = \dfrac{452}{3}$ を**極大値**といいます．またこれらを合わせて**極値**といいます．ただし，$f'(x) = 0$ となる点がすべて極値になるとは限りません．

もし，$f(x)$ の定義域を $-10 \leqq x \leqq 10$ とせず，実数全体にすると，

x		-7		3	
$f'(x)$	$+$	0	$-$	0	$+$
$f(x)$	増加	$\frac{452}{3}$	減少	-16	増加

となり，x を 10 よりどんどん大きくしていけば，$f(x)$ も $\dfrac{452}{3}$ を超え，いくらでも大きくなります．したがって，最大値は存在しません．逆に，x を 10 よりどんどん小さくしていけば，$f(x)$ も -10 を下回って，いくらでも小さくなります．したがって，最小値も存在しません．

以上をまとめると，関数の最大値，最小値を探すときは，$f'(x) = 0$ となる x の点と，定義域の両端を調べればよいことがわかりました．ただし，定義域が実数全体のように両端がないときは，x を無限に大きくしたり，無限に小さくしたときにどうなるかも考えなくてはなりません．

8.2.4　例題：商品の生産量の決定

例題として，次のような商品の生産量 x を決める問題を考えましょう．

この商品は，1 個 100 円で販売できるものとします．収入関数 $f(x)$ は，

$$f(x) = 100x$$

8.2 導関数と最大値，最小値 **165**

となります．また，この商品を生産するには，費用がかかり，関数 $g(x)$，

$$g(x) = x^2 + 20x + 100$$

で表現されるとします．このとき，利益 $h(x) = f(x) - g(x)$ を最大にする x を求めてみましょう．

$$h(x) = f(x) - g(x) = 100x - x^2 - 20x - 100$$

　ただし，生産量は非負でなくてはならないので，定義域は，$0 \leqq x$ とします．次に，$h(x)$ を微分し，$h'(x) = 0$ を求めます．

$$h(x) = -x^2 + 80x - 100$$
$$h'(x) = -2x + 80$$

とし，$h'(x) = 0$ となる x を求めてみます．$h'(x) = -2x + 80 = 0$ より $x = 40$ となります．次に，

x	0		40	
$h'(x)$		+	0	−
$h(x)$	−100	増加	1500	減少

となります．定義域の端では，$h(0) = -40$ となり，極値 $h(40) = 1500$ となります．また，x を 40 より大きくしても，$h(x)$ は減少するので，40 より大きな値を得ることはできません．したがって，最適な生産量は 40 で，そのときの利益は 1500 となります．

練習問題 8.2

　1 個 200 円で販売できる商品があります．この商品を生産するには費用がかかり，x を生産量とすると，費用関数 $g(x)$ は，生産量の関数で $g(x) = x^2 + 50x + 200$ と表現できます．生産したものは全量販売できるとして，利益 ＝ 販売額 − 費用 を最大化する生産量を求めなさい．

8.3 積 分

積分は微分の逆で，変化率を表した関数から元の関数を求めたり，関数の累積値（面積）を求めたりします.

8.3.1 積分の意味

積分の記号 $\int$（インテグラルと読みます）は，Summation（合計を求めること）の S に由来しています．積分は，合計や累積値を求めるのに使われます.

次の例題で考えてみましょう．ある工場では，始業時に毎分あたり 100kg の生産ができ，その作業速度を毎分あたり 1kg ずつ徐々に上げていきます．x 分後には累積で何 kg 生産できているでしょうか？

1 分間あたりの生産量は，

$$f(x) = 1x + 100$$

と表現できます（**図 8.4**）．開始から 100 分後までの累積の生産量は，図 8.4 の網掛けの部分になります．この面積は，下の長方形の部分と，上の三角形の部分の和になります.

$$\text{面積} = 三角形 + 長方形$$
$$= 100 \times \{f(100) - f(0)\} \times 0.5 + 100 \times f(0) = 1500$$

x 分後までの関数を $T(x)$ とすると，

$$\text{面積} = 三角形 + 長方形$$
$$T(x) = x \times \{f(x) - f(0)\} \times 0.5 + x \times f(0)$$
$$T(x) = x \times \{f(x) - 100\} \times 0.5 + x \times 100$$
$$T(x) = x(x + 100 - 100)0.5 + 100x$$
$$T(x) = 0.5x^2 + 100x$$

8.3 積分

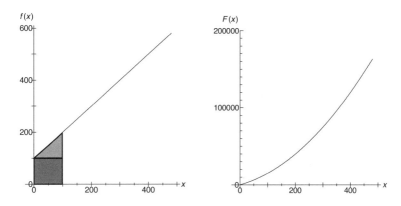

図 8.4 : 積分　1 分あたりの生産量（左）と，生産の累積量（右）

となります．これは，8.3.2 項で説明する $f(x)$ を不定積分した結果

$$F(x) = 0.5x^2 + 100x + C$$

で，$C = 0$ とした場合に一致します．

次に，200 分後から 300 分後までの生産量を計算すると，

開始時から 300 分後までの生産量 − 開始時から 200 分後までの生産量
$= T(300) - T(200)$

となります．関数 $f(x)$ の区間 $[a, b]$（たとえば，200 分後から 300 分後) の累積値を求めることを**定積分**といい，

$$\int_a^b f(x)dx = F(b) - F(a)$$

で計算します．200 分後から 300 分後は，

$$\int_{200}^{300} f(x)dx = F(300) - F(200) = 3500$$

となります．

8.3.2 積分法（参考）

$f(x)$ から関数 $F(x)$ を求めることを**不定積分**と呼びます．不定積分は，

$$\int f(x)dx = F(x) + C$$

と表記します．C は，**積分定数**といいます．

- $\int k\,dx = kx + C$ （k は定数）
- $\int k f(x)dx = k \int f(x)dx$
- $\int (f(x) \pm g(x))dx = \int f(x)dx \pm \int g(x)dx$
- $\int x^n dx = \dfrac{1}{n+1}x^{n+1} + C$ （ただし，$n \neq -1$）
- $\int x^{-1}dx = \log_e x + C$
- $\int a^x dx = \dfrac{a^x}{\log_e a} + C$ （ただし $a \neq 1$）

たとえば，$f(x) = 2x + 5$ ならば $F(x) = x^2 + 5x + C$ になります．これは，$F(x)$ を微分すると，$f(x)$ となることからわかります．また，C がどんな値でも成り立つので，C は，任意の実数値をとることができます．

8.3.3 離散値の場合

今まで扱ってきた関数 $f(x)$ の定義域は，$0 \leqq x \leqq 10$ などの実数，連続した値でした．整数など，間の数がなく離れている値を**離散値**といいます．たとえば，1 と 2 の間の整数はありません．関数の定義域が自然数の場合について考えてみましょう．定義域をあるクラスの出席番号 $x = 1, 2, \cdots, 30$ とし，値域を $0 \leqq y \leqq 200$ とします．各出席番号の学生の体重を $g(x)$ で表します．たとえば，5 番の人が 67kg だったら，$g(5) = 67$ とします．では，5 番から 10 番の合計は，$g(5) + g(6) + \cdots + g(9) + g(10) = \displaystyle\sum_{x=5}^{10} g(x)$ となります．a 番から b 番までの合計は，$\displaystyle\sum_{x=a}^{b} g(x)$ となります．

8.3 積分　　　　　　　　　　　　　　　　　　　　　　　　　　**169**

　定義域が離散値の場合の $\sum$ と連続値の場合の $\int$ は，互いに対応しており，累積値，合計を求めるということでは，同じことをしています（$\sum$ (Sigma) も $\int$ と同様に Summation の S と関係があります）．

8.3.4　区間の平均値

　離散値の場合，1 番から 10 番までの人の平均は，

$$\frac{\sum_{x=1}^{10} g(x)}{10}$$

となります．分母が個数で，分子は累積値です．

　定義域が連続値の場合の平均は，分子の離散値の $\sum$ に対応するのは，定積分 $\int$ でした．分母の個数に対応するのは，積分する区間の長さです．したがって，関数 $f(x)$ の $a \leqq x \leqq b$ での平均の大きさは，

$$\frac{\int_a^b f(x)dx}{b-a}$$

で表記されます．たとえば，生産量の例で，200 分後から 300 分後までの平均の生産量は，

$$\frac{\int_{200}^{300} f(x)dx}{300-200} = \frac{35000}{100} = 350$$

となります．定義域の単位が「分」なので，1 分あたり 350kg となります．

8.3.5　微分と積分の関係

　ある関数 $f(x)$ を微分したものが導関数 $f'(x)$ であり，$f'(x)$ を積分したものが $f(x)$ になりました（ただし，積分定数の部分は異なります）．

$$\text{変化率の関数} \quad \underset{\text{微分}}{\overset{\text{積分}}{\rightleftarrows}} \quad \text{元の関数} \quad \underset{\text{微分}}{\overset{\text{積分}}{\rightleftarrows}} \quad \text{合計値・累積値の関数}$$

たとえば，速度では，次の関係になります．

$$\text{加速度} \rightleftarrows \text{速度} \rightleftarrows \text{走行距離}$$

8.3.6 式を微分・積分するソフトウェア

　式を微分したり，積分をするのにはさまざまな規則があり，苦労した経験がある方も多いと思います．微分したり積分したりするのは，規則を当てはめていけば良いので，コンピュータでもできるようになりました．たとえば，Microsoft Mathematics（フリーソフト）を使えば，微分や積分を自動でしてくれます．

第 9 章

行 列

学習の目標

- ✎ 1 次関数と行列の関係を理解する.

- ✎ 行列やベクトルとは何かを理解する.

- ✎ 行列とベクトルの積と線型の式の対応を理解する.

- ✎ 単位行列・逆行列の意味を理解する.

- ✎ マルコフ連鎖を使って,自分でモデルを作成する体験をする.

- ✎ 株式のポートフォリオ分析について理解し,分析をしてみる.

9.1 多変数の1次関数と行列

行列は，多変数の1次関数をまとめて扱うときに使います．

本章の数学的な説明は，行列の定義は 10.6 節，逆行列は 10.7 節，固有値は 10.8 節を参照してください．

9.1.1 多変数の関数

あるドリンク工場で，ブレンド茶を3種類 (E, F, G) 生産しています．その3つの製品はともに日本茶葉とウーロン茶葉，ドクダミ茶葉を使用しています．製品 E を1リットル生産するのに日本茶葉 2g，ウーロン茶葉 5g，ドクダミ茶葉 4g 使用します．F と G は表 **9.1** のようになるとします．

表 **9.1**：各ドリンクの使用茶葉量（単位：グラム）

	製品 E	製品 F	製品 G
日本茶葉	2	6	1
ウーロン茶葉	5	2	2
ドクダミ茶葉	4	1	10

E を 300 リットル，F を 500 リットル，G を 200 リットル生産するとします．それぞれの茶葉は，何 g 必要でしょうか？　日本茶葉は，

$$2 \times 300 + 6 \times 500 + 1 \times 200 = 3800$$

必要になり，同様にウーロン茶葉，ドクダミ茶葉はそれぞれ，

$$5 \times 300 + 2 \times 500 + 2 \times 200 = 2900$$
$$4 \times 300 + 1 \times 500 + 10 \times 200 = 3700$$

必要になります．次に，E の生産量を x_1 リットル，F の生産量を x_2 リット

9.1 多変数の 1 次関数と行列　　　　　　　　　　　　　　　　　　**173**

ル，G の生産量を x_3 リットルとします．そのときの日本茶葉の必要量を y_1,
ウーロン茶葉の必要量を y_2, ドクダミ茶葉の必要量を y_3 とします.

　各製品の生産量 x_1, x_2, x_3 が決まれば，日本茶葉の必要量 y_1 も決まりま
す．この関係を $y_1 = f^{(1)}(x_1, x_2, x_3)$ というように，関数 $f^{(1)}$ を使って表現で
きます．同様に，各茶葉の必要量は，次式になります.

$$y_1 = f^{(1)}(x_1, x_2, x_3) = 2x_1 + 6x_2 + 1x_3 \tag{9.1}$$

$$y_2 = f^{(2)}(x_1, x_2, x_3) = 5x_1 + 2x_2 + 2x_3 \tag{9.2}$$

$$y_3 = f^{(3)}(x_1, x_2, x_3) = 4x_1 + 1x_2 + 10x_3 \tag{9.3}$$

9.1.2　行列とベクトル表現による多変数の 1 次式

　行列とベクトルを使うと，式 (9.1) ～ (9.3) のようないくつかの多変数の 1
次式をまとめて表現できます．原理さえわかれば，行列で表現された式を理
解するのは，容易にできます．簡単な例で説明します.

　先ほどの茶葉の例で，製品が 1 個，茶葉の種類が 1 種類の場合と対比して
考えましょう．紅茶ドリンクを 1 リットル製造するとき，紅茶葉を 8g 使用
するとします．紅茶ドリンクを x リットル生産するとき，茶葉の使用量 y と
の関係は，

$$y = 8x \tag{9.4}$$

となります．また，1 リットルあたりの茶葉使用量を a とすると，

$$y = ax \tag{9.5}$$

となります．1 つの茶葉の場合の式 (9.4) と，3 つの製品，3 つの茶葉の場合
の式 (9.1) ～ (9.3) は似ています．式 (9.1) ～ (9.3) を式 (9.4) のように 1 つの
まとまった式に表現する方法があります．これが，行列とベクトルによる表
現で，

$$\begin{pmatrix} y_1 \\ y_2 \\ y_3 \end{pmatrix} = \begin{pmatrix} 2 & 6 & 1 \\ 5 & 2 & 2 \\ 4 & 1 & 10 \end{pmatrix} \begin{pmatrix} x_1 \\ x_2 \\ x_3 \end{pmatrix} \tag{9.6}$$

と表現します. $\begin{pmatrix} y_1 \\ y_2 \\ y_3 \end{pmatrix}$ と $\begin{pmatrix} x_1 \\ x_2 \\ x_3 \end{pmatrix}$ は,それぞれの茶葉の必要量 y_1, y_2, y_3 と各ド

リンクの生産量 x_1, x_2, x_3 をまとめたもので,(縦)ベクトルといいます.

(縦)ベクトルは,$\begin{pmatrix} y_1 \\ y_2 \\ y_3 \end{pmatrix} = {}^t(y_1\, y_2\, y_3)$ のように,横ベクトルに t をつけて表し

ます [*1]. また,行列,ベクトルに対し,通常の数字(実数)を**スカラー**と呼

びます. $\begin{pmatrix} 2 & 6 & 1 \\ 5 & 2 & 2 \\ 4 & 1 & 10 \end{pmatrix}$ は,表 9.1 の各ドリンクにおける各茶葉の使用量をま

とめたもので,**行列**と呼ばれています. 横方向の並びを行,縦方向を列とい

います. そして,それぞれのベクトルに名前をつけ,太文字で **y**, **x** としま

す. また,行列は大文字で A とします. なお,ベクトルと行列に含まれるそ

れぞれの値を要素といいます. 式 (9.6) は,

$$\mathbf{y} = A\mathbf{x} \tag{9.7}$$

となります. 一般のかけ算と同様に,A と **x** との間には,かけ算記号 (×) が

省略されています. この式は,1 つの製品,1 つの茶葉の場合の $y = ax$ と似

たような式になっており,次のような対応があります.

$$y \iff \mathbf{y}$$
$$x \iff \mathbf{x}$$
$$a \iff A$$

行列は,複数の 1 次式をまとめて扱うときに使用する.

[*1] t は転置 (transpose) を表します.

9.1 多変数の1次関数と行列 **175**

このようにまとめて表現することにより，さまざまな良いことがあります．たとえば，製品の数，茶葉の種類が増えても，同じ式で表すことができ，1次式を解く要領で行列を計算できます．また，ばらばらの式ではわからなかったことがわかり，コンピュータを使った計算を容易にします．

9.1.3 行列の和・差・積

行列どうしの和，差は，同じ場所の要素どうしをたしたり，ひいたりします．したがって，行と列の数はそれぞれ同じものでないと計算ができません．

$$\begin{pmatrix} 2 & 3 \\ 5 & 6 \end{pmatrix} + \begin{pmatrix} 4 & 8 \\ 2 & 1 \end{pmatrix} = \begin{pmatrix} 6 & 11 \\ 7 & 7 \end{pmatrix}, \quad \begin{pmatrix} 7 \\ 5 \end{pmatrix} - \begin{pmatrix} 4 \\ 2 \end{pmatrix} = \begin{pmatrix} 3 \\ 3 \end{pmatrix}$$

となります．かけ算は，

$$\begin{pmatrix} 2 & 6 & 1 \\ 5 & 2 & 2 \\ 4 & 1 & 10 \end{pmatrix} \begin{pmatrix} x_1 \\ x_2 \\ x_3 \end{pmatrix} = \begin{pmatrix} 2x_1 + 6x_2 + 1x_3 \\ 5x_1 + 2x_2 + 2x_3 \\ 4x_1 + 1x_2 + 10x_3 \end{pmatrix} \tag{9.8}$$

のように，左辺の左側の行列は，横の行の並びをひとかたまり，右側のベクトルは，縦をひとかたまりにして計算します．したがって，計算方法からわかるように，左側の行列（ベクトル）の列数と右側の行列（ベクトル）の行数とが等しくないと計算できません．

9.1.4 逆行列・単位行列

茶葉の使用量がわかっています．それぞれのドリンクの製造量を求めてみましょう．まず，1製品，1茶葉の紅茶の例で考えてみましょう．茶葉の使用量が，7,200g だったとします．紅茶の場合，$y = 8x$ でした．したがって，$y = 7200$ として，

176   第 9 章　行列

$$7200 = 8x$$

$$8^{-1} \times 7200 = 8^{-1} \times 8x \qquad 左から\ 8^{-1}\ をかける$$

$$\frac{1}{8} \times 7200 = \frac{1}{8} \times 8x \qquad \frac{1}{8} = 8^{-1}\ より$$

$$x = 900$$

となり，900 リットルとなります．8^{-1} は，8 の逆数です．

$$y = ax \tag{9.9}$$

$$x = a^{-1}y \tag{9.10}$$

となり，y（茶葉使用量）から x（生産量）を求めることができます．

　同じことを行列でできないかを考えてみます．茶葉の例題で，各茶葉の使用量 (**y**) がわかっていて，その使用量から，各ドリンクの生産量 (**x**) を求めてみます．式 (9.1) ~ (9.3) より，未知の値は x_1, x_2, x_3 で，他は既知の値です．1 次式で，未知の変数が 3 個，式が 3 本なので，特別な場合を除き，未知の変数の値を求めることができます．これを，先ほどの紅茶の例と同じように求めると，

$$\mathbf{y} = A\mathbf{x}$$

$$A^{-1}\mathbf{y} = A^{-1}A\mathbf{x} \qquad 両辺に左から\ A\ の逆行列\ A^{-1}\ をかける$$

$$A^{-1}\mathbf{y} = I\mathbf{x} \qquad A^{-1}A = I\ より$$

$$\mathbf{x} = A^{-1}\mathbf{y} \qquad I\mathbf{x} = \mathbf{x}\ より$$

となります．A^{-1} は，逆数に対応するもので，「逆行列」と呼ばれています．ただし，逆行列は行数と列数（縦横の要素の数）が等しいもの（これを正方行列といいます）でしか計算することができません．上の例では，行数と列数がともに 3 なので，逆行列が存在します [*2]．本書では，コンピュータで求められるものとします．

[*2] 特別な場合，行数と列数が同じでも逆行列は存在しません．

9.1 多変数の1次関数と行列 **177**

I は単位行列と呼ばれるもので，スカラーの1に対応します．a と，a の逆数 $\dfrac{1}{a}$ の積は，$a \times \dfrac{1}{a} = 1$ になる（単位元）ように，A と A^{-1} の積は，I になります．また，a に1をかけても同じ数になること $(a \times 1 = a)$ と同様に，I も同じ行列になります $(AI = A)$．単位行列は，行数と列数が等しく，対角要素（行列の左上から右下への要素）が1で，他の要素が0の行列です．たとえば，行数と列数が3の単位行列は，$\begin{pmatrix} 1 & 0 & 0 \\ 0 & 1 & 0 \\ 0 & 0 & 1 \end{pmatrix}$ となります．

9.1.5 Web による行列の計算

行列の積，逆行列を求めるのはかなり手間がかかるので，Web を用意しました．「ビジネス数理基礎」のホームページから，行列の積を求める または，逆行列を求める を選びます．

また，Microsoft Mathematics のようなソフトウェアを利用して計算できます．

9.1.6 計算例

お茶の例で，逆行列を使い茶葉の使用量から各ドリンクの生産量を計算します．ある日の日本茶葉の使用量は 6,000g $(y_1 = 6000)$，ウーロン茶葉は 4,000g $(y_2 = 4000)$，ドクダミ茶葉は 3,000g $(y_3 = 3000)$ だとします．それぞれのドリンクの生産量 x を求めます．

$$\mathbf{x} = A^{-1}\mathbf{y} \tag{9.11}$$

(1) A の逆行列を求めます．

$$A^{-1} = \begin{pmatrix} 2 & 6 & 1 \\ 5 & 2 & 2 \\ 4 & 1 & 10 \end{pmatrix}^{-1} = \begin{pmatrix} -0.0829 & 0.2694 & -0.0456 \\ 0.1917 & -0.0730 & -0.0046 \\ 0.0137 & -0.1005 & 0.1187 \end{pmatrix}$$

(2) A^{-1} と $\mathbf{y}$ の積を求めます．ただし，縦ベクトルの列数は，1です．

$$\mathbf{x} = A^{-1}\mathbf{y} = \begin{pmatrix} -0.0829 & 0.2694 & -0.0456 \\ 0.1917 & -0.0730 & -0.0046 \\ 0.0137 & -0.1005 & 0.1187 \end{pmatrix} \begin{pmatrix} 6000 \\ 4000 \\ 3000 \end{pmatrix} = \begin{pmatrix} 447.5 \\ 844.8 \\ 36.5 \end{pmatrix}$$

したがって，E，F，G それぞれ，447.5，844.8，36.5 リットルの生産です．

(3) ためしに，$A\mathbf{x}$ を計算して，$\mathbf{y}$ に一致するかを確かめます．

$$A\mathbf{x} = \begin{pmatrix} 2 & 6 & 1 \\ 5 & 2 & 2 \\ 4 & 1 & 10 \end{pmatrix} \begin{pmatrix} 447.5 \\ 844.8 \\ 36.5 \end{pmatrix} = \begin{pmatrix} 6000 \\ 4000 \\ 3000 \end{pmatrix}$$

練習問題 9.1

[1] ドリンクについて考え，各ドリンクの 1 リットルあたりの使用茶葉の量を表 9.1 とします．x_1 を日本茶葉 1g の価格とし，x_2 をウーロン茶葉 1g の価格，x_3 をドクダミ茶葉 1g の価格とします．また，y_1 を製品 E の 1 リットルあたりの茶葉の使用金額（原価），y_2 を F，y_3 を G の原価とします．

(1) 製品 E，F，G の茶葉の使用金額（原価）を計算する式（3 本）を書きなさい．

(2) (1) を行列の形にまとめた式（式 (9.6) のような形式）で表現しなさい．

(3) それぞれの茶葉 1g の価格を日本茶葉 4 円，ウーロン茶葉 1 円，ドクダミ茶葉 2 円として，(2) の行列を用いて各製品 1 リットルあたりの茶葉の使用金額を計算しなさい．

(4) (2) の式と逆行列を利用して，各ドリンクの茶葉使用金額 (y) から，各茶葉の 1g あたりの単価を求める式を作成しなさい．

(5) (3) の逆行列を Web などを使って求めなさい．

(6) 各ドリンクの茶葉の使用金額（原価）は，E は 30 円，F は 35 円，G は 25 円でした．各茶葉の 1g あたりの価格を (4) の式を使って求めなさい．

[2] ある養鶏場では，4 種類の餌 (F1, F2, F3, F4) を混合して与えています．また，4 種類の栄養素 (N1, N2, N3, N4) を必要としています．それぞれの

1kg の餌に含まれている各栄養素の量，各餌の与える量 $\mathbf{x}$，各栄養素の量 $\mathbf{y}$ は，次の通りとします．

	N1	N2	N3	N4
F1	5g	6g	3g	7g
F2	3g	9g	8g	4g
F3	1g	2g	9g	6g
F4	7g	6g	1g	2g

$$\mathbf{x} = \begin{pmatrix} x_1 \\ x_2 \\ x_3 \\ x_4 \end{pmatrix}, \quad \mathbf{y} = \begin{pmatrix} y_1 \\ y_2 \\ y_3 \\ y_4 \end{pmatrix}$$

(1) y_1，y_2，y_3，y_4 を求める式（計 4 本）を書きなさい．

(2) (1) を行列の形で表現しなさい．

(3) F1，F2，F3，F4 をそれぞれ，10kg，30kg，20kg，50kg 与えたとします．各栄養素の量 (y_1，y_2，y_3，y_4) を (2) の行列を使って求めなさい．

(4) 逆行列を使って，$\mathbf{x}$ を求める式を書きなさい．

(5) Web などを使って逆行列の値を求めなさい．

(6) この養鶏場では，N1，N2，N3，N4 をそれぞれ，150g，200g，250g，200g 必要とします．F1，F2，F3，F4 の量を逆行列と Web を使って求めなさい．

9.2　1 次独立

次のような連立 1 次方程式を考えてみます．

$$\begin{cases} 2x_1 + 3x_2 = 22 & (9.12) \\ 4x_1 + 6x_2 = 44 & (9.13) \end{cases}$$

中学校で習った解き方で解こうとすると，次のようになります．

(1) x_1 を削除するために，式 (9.12) を 2 倍します．

(2) 式 (9.13) $- 2 \times$ 式 (9.12) を計算します．

(3) しかし，x_2 も同時に消えてしまいます．

したがって，この連立 1 次方程式の解は，この方法では求められませんで
した．式 (9.13) は，式 (9.12) を 2 倍したものになっています．そのため，実
質的には，1 本の方程式しかないものと同じです．

この方程式の解は，$(x_1 = 5, x_2 = 3)$，$(x_1 = 11, x_2 = 0)$，$(x_1 = 0, x_2 = 22/3)$
··· など，たくさん（無限個）あります．このことに対応して，

$$A = \begin{pmatrix} 2 & 3 \\ 4 & 6 \end{pmatrix}$$

の逆行列 A^{-1} は存在しません．行列で見ると，1 行目の行を 2 倍した値が 2
行目の行になっています．このように，ある行の値が他の行を何倍かしたも
のになっているとき，**1 次従属**といいます．また，3 行以上ある行列で，あ
る行が何倍かした他の行をいくつかたし合わせた行になっているときも 1 次
従属といいます．逆に，すべての行が 1 次従属でないとき，その行列を **1 次
独立**といいます．1 次独立の正方行列（行と列数が等しい行列）には，逆行
列が存在します．

9.3 マルコフ連鎖（行列を使ったモデルの作成）

行列の応用例として，マルコフ連鎖を考えてみます．このマルコフ連鎖を
使って，社会現象をモデル化してみます．

9.3.1 モデルの作成

マルコフ連鎖は，n 個の状態があり，個体がある状態から別の状態へ確率
的に推移するとき，それぞれの状態の個体の数がどのように変化するのかを
扱うモデルです．

スキー場の例で考えます（**図 9.1**）．個体はスキーヤーで，3 つの状態，「滑
走中」(S_1)，「リフトに乗っている状態」(S_2)，「ロッジで休憩中」(S_3) とし
ます（リフト待ちはないものとします）．初期の状態で，「滑走中」(S_1) の
人が 100 人，「リフトに乗っている状態」(S_2) の人が 60 人，「ロッジで休憩

9.3 マルコフ連鎖（行列を使ったモデルの作成）

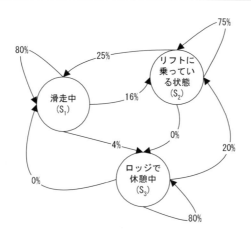

図 9.1：状態の推移（スキー場の例）

中」(S_3) の人が 40 人とします．1 期を 1 分として考え，次の期（1 分後）には「滑走中」(S_1) の 80%の人はそのまま滑走中 (S_1) で，16%の人はリフトに乗っている状態 (S_2)，4%の人は休憩中 (S_3) に移行するとします．他の状態の推移も表 9.2 のようになるとします．

表 9.2：状態の推移（スキー場の例）

元の状態 \ 次の状態	S_1	S_2	S_3
「滑走中」(S_1)	80%	16%	4%
「リフトに乗っている状態」(S_2)	25%	75%	0%
「ロッジで休憩中」(S_3)	0%	20%	80%

各状態から次の状態への推移は確率なので，その和は 1 (100%) になり，表 9.2 の横の合計は，100%になります．初期の各状態の人数を $x_1^{(0)}$, $x_2^{(0)}$, $x_3^{(0)}$ のように，状態を表す添字の他，期を表す肩字をつけています．たとえば，$x_1^{(0)}$ は，0 期目（初期）の滑走中の人数なので，100 となります．

9.3.2 各期の人数の計算

1 期目（1 分後）の滑走中の人数 $(x_1^{(1)})$ は，

(1) 0 期目滑走中の人 $(x_1^{(0)})$ の 80% の人 → $0.80x_1^{(0)}$
(2) 0 期目リフトに乗っている状態の人 $(x_2^{(0)})$ の 25% の人 → $0.25x_2^{(0)}$
(3) 0 期目ロッジで休憩中の人 $(x_3^{(0)})$ の 0% の人 → $0x_3^{(0)}$

の和になるので，

$$x_1^{(1)} = 0.80x_1^{(0)} + 0.25x_2^{(0)} + 0x_3^{(0)}$$

となります．同様に，1 期目のリフトに乗っている人 $x_2^{(1)}$，1 期目のロッジで休憩中の人 $x_3^{(1)}$ の人数は，表 9.2 を使って，

$$x_2^{(1)} = 0.16x_1^{(0)} + 0.75x_2^{(0)} + 0.20x_3^{(0)}$$
$$x_3^{(1)} = 0.04x_1^{(0)} + 0x_2^{(0)} + 0.80x_3^{(0)}$$

と計算できます．これらを行列 A と $\mathbf{x}^{(i)} = {}^t(x_1^{(i)} \quad x_2^{(i)} \quad x_3^{(i)})$ を使えば，

$$\mathbf{x}^{(1)} = A\mathbf{x}^{(0)}$$

ただし，$A = \begin{pmatrix} 0.80 & 0.25 & 0.00 \\ 0.16 & 0.75 & 0.20 \\ 0.04 & 0.00 & 0.80 \end{pmatrix}, \mathbf{x}^{(0)} = \begin{pmatrix} x_1^{(0)} \\ x_2^{(0)} \\ x_3^{(0)} \end{pmatrix}, \mathbf{x}^{(1)} = \begin{pmatrix} x_1^{(1)} \\ x_2^{(1)} \\ x_3^{(1)} \end{pmatrix}$

と表現できます．行列 A は，表 9.2 と比べて，行と列が入れ替わっています．A のような $n \times n$ の推移を表す行列を**推移確率行列**と呼び，各列の要素の和が 1 $(\sum_{i=1}^{n} a_{ij} = 1, j = 1, \cdots, n)$ となっています．

2 期目，3 期目，$\cdots$，n 期目を求めていくと，

$$\mathbf{x}^{(2)} = A\mathbf{x}^{(1)}$$
$$\mathbf{x}^{(3)} = A\mathbf{x}^{(2)}$$
$$\vdots \quad \vdots \quad \vdots$$
$$\mathbf{x}^{(n)} = A\mathbf{x}^{(n-1)}$$

9.3 マルコフ連鎖（行列を使ったモデルの作成） **183**

となります. また,

$$
\begin{aligned}
\mathbf{x}^{(2)} &= A\mathbf{x}^{(1)} = AA\mathbf{x}^{(0)} = A^2\mathbf{x}^{(0)} \\
\mathbf{x}^{(3)} &= A\mathbf{x}^{(2)} = AA^2\mathbf{x}^{(0)} = A^3\mathbf{x}^{(0)} \\
&\vdots \quad\ \vdots \quad\ \vdots \\
\mathbf{x}^{(n)} &= A\mathbf{x}^{(n-1)} = AA^{n-1}\mathbf{x}^{(0)} = A^n\mathbf{x}^{(0)}
\end{aligned}
$$

となります.

9.3.3 各期の人数の変化

つぎに, $\mathbf{x}^{(i)}$ の変化を表 **9.3** に示し, 図 **9.2** にグラフ化しました.

表 **9.3**：$x^{(i)}$ の変化

i	0	1	2	3	4	5	$\cdots$	32
x^i_1	100.00	95.00	93.25	93.14	93.77	94.68	$\cdots$	100
x^i_2	60.00	69.00	74.15	77.05	78.65	79.51	$\cdots$	80
x^i_3	40.00	36.00	32.60	29.81	27.57	25.81	$\cdots$	20

この表とグラフを見ると, i が大きくなるにつれ, $x^{(i)}$ が $(100 \quad 80 \quad 20)^t$ に近づいて（収束して）います. 行列 A がある条件を満たしていると, n を無限大に大きく（$n \to \infty$）すると, $\mathbf{x}^{(n)} = \mathbf{x}^{(n-1)}$ となります. この $\mathbf{x}^{(n)}$ を定常状態ベクトルと呼びます. 上の例では, $\mathbf{x}^{(n)} = (100 \quad 80 \quad 20)^t$ です.

9.3.4 定常状態ベクトルが存在する条件（参考）

定常状態ベクトルが存在する条件は, 推移確率行列 A を何乗かすると,「A のすべての要素が正（$a_{ij} > 0, \forall i, j$) になる」ことです（証明略）. この条件

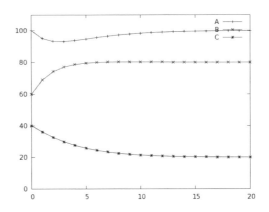

図 9.2：各状態の変化（**A:**滑走中，**B:**リフト，**C:**ロッジ）

を満たす推移確率行列を**レギュラー推移確率行列**といいます．上の例では，

$$A^2 = AA = \begin{pmatrix} 0.68 & 0.3875 & 0.05 \\ 0.256 & 0.6025 & 0.31 \\ 0.064 & 0.01 & 0.64 \end{pmatrix}$$

となり，この条件を満たしているので，次式のようになります．

$$\begin{pmatrix} 100 \\ 80 \\ 20 \end{pmatrix} = \begin{pmatrix} 0.80 & 0.25 & 0.00 \\ 0.16 & 0.75 & 0.20 \\ 0.04 & 0.00 & 0.80 \end{pmatrix} \begin{pmatrix} 100 \\ 80 \\ 20 \end{pmatrix}$$

練習問題 **9.2**

マルコフ連鎖 Web を用意しました．自分でモデルを作成し，状態の変化をグラフ化しましょう．

9.4 固有値

9.4.1 固有値とは

マルコフ連鎖では，行列 A とその定常状態ベクトル $\mathbf{x}$ の関係は，

$$\mathbf{x} = A\mathbf{x} \tag{9.14}$$

となっていました．スキー場の例では，表 9.3 の i が 32 付近の $\mathbf{x}$ では，

$$\begin{pmatrix} 100 \\ 80 \\ 20 \end{pmatrix} = \begin{pmatrix} 0.80 & 0.25 & 0.00 \\ 0.16 & 0.75 & 0.20 \\ 0.04 & 0.00 & 0.80 \end{pmatrix} \begin{pmatrix} 100 \\ 80 \\ 20 \end{pmatrix}$$

となっています．他の $n \times n$ 行列の場合，行列 A でこのような関係は存在するでしょうか？　多くの場合，A を与えたとき，

$$A\mathbf{x} = \lambda\mathbf{x} \tag{9.15}$$

という関係があります．$\mathbf{x}$ は n 次元の列ベクトルで**固有ベクトル**，λ は，スカラーで**固有値**と呼ばれています．この場合，A を与えればいくつかの固有値と固有ベクトルの組が得られます（最大 n 個得られます）．ただし，$\mathbf{x}$ を s 倍 $(s \neq 0)$ したものは同じものと数え，また，$\mathbf{x} = (0 \quad 0 \quad \cdots \quad 0)$ のようなすべて 0 からなるベクトルは，固有ベクトルとはしません．

たとえば，

$$A = \begin{pmatrix} 8 & 11 \\ 2 & 8 \end{pmatrix}$$

の固有値と固有ベクトルの組は，

$$\mathbf{x} = {}^t\left(\sqrt{\tfrac{11}{2}} \quad 1\right), \quad \lambda = 8 + \sqrt{22} \tag{9.16}$$

$$\mathbf{x} = {}^t\left(-\sqrt{\tfrac{11}{2}} \quad 1\right), \quad \lambda = 8 - \sqrt{22} \tag{9.17}$$

の 2 つです．念のため，式 (9.16) の固有値と固有ベクトルの組で確かめると，左辺は，

$$A\mathbf{x} = \begin{pmatrix} 8 & 11 \\ 2 & 8 \end{pmatrix} \begin{pmatrix} \sqrt{\frac{11}{2}} \\ 1 \end{pmatrix} = \begin{pmatrix} 8 \times \sqrt{\frac{11}{2}} + 11 \times 1 \\ 2 \times \sqrt{\frac{11}{2}} + 8 \times 1 \end{pmatrix} = \begin{pmatrix} \sqrt{352} + 11 \\ \sqrt{22} + 8 \end{pmatrix}$$

となり，右辺は，

$$\lambda\mathbf{x} = (8 + \sqrt{22}) \begin{pmatrix} \sqrt{\frac{11}{2}} \\ 1 \end{pmatrix} = \begin{pmatrix} 8\sqrt{\frac{11}{2}} + \sqrt{22}\frac{\sqrt{11}}{2} \\ 8 + \sqrt{22} \end{pmatrix} = \begin{pmatrix} \sqrt{352} + 11 \\ 8 + \sqrt{22} \end{pmatrix}$$

となり，一致します．式 (9.11) についても同様に成り立ちます．

9.4.2 最初から定常状態にするには

図 9.3 のような 2 つの状態 S_1, S_2 があったとします．状態 S_1 のものは，翌日，60%の割合で状態 S_1 のまま，40%の割合で状態 S_2 になります．同様に，S_2 のものは，翌日，70%の割合で状態 S_1 になり，30%の割合で状態 S_2 のままです．状態 S_1 と S_2 の割合をいつでも一定にしておきたいとします．初期に S_1 と S_2 をどのような割合にしておけば，いつも S_1 と S_2 の数は同じになるでしょうか？

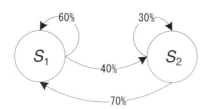

図 9.3 : S_1 と S_2 の状態遷移図

定式化すると，その日の S_1 の状態の個数を x_1, S_2 の状態の個数を x_2, 翌

日の S_1 の状態の個数を y_1，S_2 の状態の個数を y_2 とすると，

$$y_1 = 0.6x_1 + 0.7x_2$$
$$y_2 = 0.4x_1 + 0.3x_2$$

となります．一定割合にしたいので，$\lambda x_1 = y_1, \lambda x_2 = y_2$ とします．すると，マルコフ連鎖の形で

$$\begin{pmatrix} 0.6 & 0.7 \\ 0.4 & 0.3 \end{pmatrix} \begin{pmatrix} x_1 \\ x_2 \end{pmatrix} = \lambda \begin{pmatrix} x_1 \\ x_2 \end{pmatrix}$$

となり，固有値の問題になります．レギュラー推移確率行列の場合，固有値1の固有ベクトルが存在することが知られています（証明略）．固有値を求めると，

$$\mathbf{x} = {}^t(7 \quad 4) \,,\quad \lambda = 1 \tag{9.18}$$
$$\mathbf{x} = {}^t(-1 \quad 1) \,,\quad \lambda = -0.1 \tag{9.19}$$

となります．式 (9.19) は，固有ベクトルの要素の符号が異なるので，個数として使うことができません（すべて非正の場合は -1 倍して，すべて非負にできます）．したがって，初期に S_1 の状態のものを $7/11 \fallingdotseq$ 約 64%，S_2 の状態のものを $4/11 \fallingdotseq$ 約 36% にしておけばよいことがわかります．初期に S_1 の状態のものを 7 個，S_2 の状態のものを 4 個にすると次式になります．

$$\begin{pmatrix} 0.6 & 0.7 \\ 0.4 & 0.3 \end{pmatrix} \begin{pmatrix} 7 \\ 4 \end{pmatrix} = \begin{pmatrix} 0.6 \times 7 + 0.7 \times 4 \\ 0.4 \times 7 + 0.3 \times 4 \end{pmatrix} = \begin{pmatrix} 7 \\ 4 \end{pmatrix}$$

9.4.3 固有値計算 Web

固有値の計算方法については述べません．固有値が複数あるとき，絶対値が最大の固有値を最大固有値といいます．その最大固有値とそれに対応する固有ベクトルを表示する Web を用意しました．

スキーの例での推移確率行列，

$$A = \begin{pmatrix} 0.80 & 0.25 & 0.00 \\ 0.16 & 0.75 & 0.20 \\ 0.04 & 0.00 & 0.80 \end{pmatrix}$$

の固有値, 固有ベクトルを求めると, 固有値 $\lambda = 1$, 固有ベクトル $^t(0.5\ \ 0.4\ \ 0.1)$ を得ます.

この固有ベクトル $^t(0.5\ \ 0.4\ \ 0.1)$ から, 滑走中が 50%, リフトが 40%, ロッジが 10% であることがわかります. 例での初期の人数の合計は 200 人なので, 固有ベクトルを 200 倍したもの $200 \times {}^t(0.5\ \ 0.4\ \ 0.1) = {}^t(100\ \ 80\ \ 20)$ が定常状態の値になります. この値は, マルコフ連鎖のグラフ (図 9.2) の収束値に一致しています.

練習問題 9.3

[1] あるカテゴリの商品の利用者数が 40 万人おり, 全員がそのカテゴリの商品を週 1 回購買するものとします. ブランドは, A, B, C, D の 4 種類です. 次のように, ブランドを変更(ブランドスイッチ)するとします.

A を購入した人の翌週の購買: A 90%, B 10%, C 0%, D 0%
B を購入した人の翌週の購買: A 12%, B 85%, C 3%, D 0%
C を購入した人の翌週の購買: A 0%, B 15%, C 80%, D ?%
D を購入した人の翌週の購買: A 0%, B 0%, C 5%, D ?%

(1) ?の部分 (2 か所) を求めなさい.

(2) 図 9.1 のような状態の推移を表す図を作成しなさい.

(3) $(i-1)$ 週の購買者数を $x_1^{(i-1)}$, $x_2^{(i-1)}$, $x_3^{(i-1)}$, $x_4^{(i-1)}$ としたとき, (i) 週の購買者数 $x_1^{(i)}$, $x_2^{(i)}$, $x_3^{(i)}$, $x_4^{(i)}$ を求める式 (1 次式を 4 本) を記述しなさい.

(4) $i-1$ から i 週目への変化を行列を使って記述しなさい.

(5) 0 週目 $(i=0)$ で, 各ブランドにつき 10 万人ずつが商品を購入したとします. 1 週目の選択の計算式を推移確率行列を使って記述しなさい.

(6) (5) を計算しなさい (小数になってもかまわない).

(7) 2 週目の各購買人数を計算しなさい (小数になってもかまわない).

(8) Web を使って, 購買者数がどのように変化するのかをグラフ化しな

さい.

(9) 各ブランドの初期値を 25（合計 100）にし，収束するマーケットシェアを求めなさい（繰り返しの数は，適切に定める）.

(10) 各ブランドの初期値を $\mathbf{x}^0 = {}^t(0 \quad 0 \quad 0 \quad 1)$ にし（D の独占状態から開始），収束するマーケットシェアを求めなさい.

[2] マルコフ連鎖で表現できるモデルを作成してみましょう.

(1) 図 9.1 のような状態の推移を表す図を作成しなさい.

(2) どんなモデルであるか説明しなさい.

(3) 推移確率行列を作成しなさい.

(4) Web を使って，各期の状態を表すベクトル $(x^{(i)})$ がどのように変化するのかグラフ化しなさい.

(5) 推移確率行列の固有ベクトルを使い，定常状態の人数を求め，(4)の収束値に一致することを確かめなさい.

9.5 株式ポートフォリオ分析

統計分析と行列の応用例として株式ポートフォリオ分析を取り上げます.

9.5.1 分散投資とリスク

「卵を 1 つの籠に盛るな」という言葉があります．これは，卵を 1 つの籠に全部入れると，その籠を落とした場合に全部割れてしまうかもしれないけれど，いくつかの籠に分けて入れておけば，そのうちの 1 つを落としてもほかの籠に入れた卵は割れずにすむ，ということを意味しています.

これは，経済活動でいえば，複数の事業に参入したり，複数の証券（株式）に投資したりすることのたとえです．証券への投資は，その会社の事業収益から得られる配当による収入（インカム・ゲイン）を目的とする場合もありますが，運用会社の多くは，証券を割安に購入して高額で売ることによりその差分を得る（キャピタル・ゲイン）ことを目的としています．しかし，投資

時点で将来の価格を確実に知ることはできません．そこで，過去の価格推移などを元に，より安全でより高利益が見込めるような証券に投資しようと考えるのですが，一般には，収益が高く見込めるような証券は，損をする可能性も高いといわれています．これを**ハイリスク・ハイリターン**といいます．

しかし，前述したように，いくつかの証券に投資することで，ある証券が値下がりしたとしても，ほかの証券が値上がりすれば，保有している証券全体としては将来の収益は当初想定した通りになることが期待できます．ここでは，想定した収益からはずれることをリスクとして，そのリスクを小さくするような投資を考えましょう．想定した収益からはずれることが少ないということは，将来の収益の散らばりが小さくなることをいいます．統計的にいえば，分散や標準偏差が小さくなることといえます．

価格の動きが異なる証券，とくに，反対の動きをするような証券を組み合わせると，大幅にそのバラツキを小さくするような投資の組み合わせを作ることができます．

今，2 つの証券 A, B があり，手持ちの資金をある比率で分割して投資することを考えます．2 つの証券の将来の収益率の平均（期待収益率）と収益率の標準偏差は次のように求められているとします．

$$証券 A：期待収益率 = \mu_A, 収益率の標準偏差 = \sigma_A$$
$$証券 B：期待収益率 = \mu_B, 収益率の標準偏差 = \sigma_B$$

証券 A に，手持ちの資金のうち x の割合で投資し，残り $(1-x)$ を証券 B に投資することにしましょう．さらに，これら 2 つの証券の収益率の相関係数が ρ であるとき，投資の組み合わせ（これを**ポートフォリオ**といいます）から得られる期待収益率と分散は次のように求めることができます[3]．

$$期待収益率：x\mu_A + (1-x)\mu_B \tag{9.20}$$
$$収益率の分散：x^2\sigma_A^2 + 2x(1-x)\rho\sigma_A\sigma_B + (1-x)^2\sigma_B^2 \tag{9.21}$$

---

[3] 標準偏差の 2 乗である分散を求めていることに注意してください．詳しくは，統計もしくは投資の専門書を参照してください．

9.5 株式ポートフォリオ分析 **191**

式 (9.20), (9.21) が示すように，このポートフォリオの期待収益率は，各株式銘柄の平均収益率に投資割合をかけてたし合わせたもの（加重平均）になります．これに対して，分散は，右辺の第 2 項のように 2 つの銘柄についてその相関係数が乗じられた項が現れます．もしも，相関係数 ρ が負の値 [*4]，つまりいずれかの証券が値上がりしたときに，もう一方の株式は値下がりする傾向にある場合は，これらの証券に分散して投資することで，ポートフォリオ全体の分散を小さくすることができます．

$$\rho = 1 \text{ のときの収益率の分散} : [x\sigma_A + (1 - x)\sigma_B]^2$$
$$\rho = -1 \text{ のときの収益率の分散} : [x\sigma_A - (1 - x)\sigma_B]^2$$

となり，相関関数が 1 のときは 2 つの標準偏差の加重和の 2 乗に，相関係数が –1 のときは 2 つの標準偏差の加重した差の 2 乗になります．

たとえば，証券 A, B の将来の期待収益率と，収益率の標準偏差が以下の場合を考えましょう．

証券 A：期待収益率 = 0.004, 収益率の標準偏差 = 0.03
証券 B：期待収益率 = 0.03, 収益率の標準偏差 = 0.05

そして，これら 2 つの株式の相関係数が –0.75 であったとしましょう．このとき，もしもこれら 2 つの株式に同じ割合（$x = 0.5$）で投資するポートフォリオを考えると，その平均収益率と収益率の分散はそれぞれ，

期待収益率 $: 0.5 \times 0.004 + (1 - 0.5) \times 0.03 = 0.017$
収益率の分散 $: 0.5^2 \times 0.03^2 + 2 \times 0.5 \times (1 - 0.5) \times (-0.75) \times 0.03 \times 0.05$
$$+ (1 - 0.5)^2 \times 0.05^2 = 2.875 \times 10^{-4}$$

となります．ポートフォリオの収益率の標準偏差は分散の平方根なので，$\sqrt{2.875 \times 10^{-4}} = 0.01696$ となります．

[*4] たとえば，夏の猛暑には電力需要が高まってガスの需要は減り，冷夏にはその逆の傾向になるといわれています．

192   第 9 章 行列

したがって，株式 A よりも高い収益率が期待できながら，その期待収益率からはずれるリスクを低く抑えたポートフォリオを作成することができます．

練習問題 9.4

今，2 つの証券があり，次のような将来の期待収益率と収益率の標準偏差が得られている．

証券 C : 期待収益率 = 0.01，収益率の標準偏差 = 0.05

証券 D : 期待収益率 = 0.02，収益率の標準偏差 = 0.1

手持ちの資金を半分ずつこれらの証券に投資してポートフォリオを作る．これら 2 つの証券の収益率の相関係数を ρ とする．以下の問いに答えなさい．

(1) このポートフォリオの期待収益率を求めなさい．
(2) $\rho = 1$，0，-0.5，-1 のそれぞれの場合について，このポートフォリオの収益率の分散と標準偏差を求めなさい．

9.5.2 分散の行列表現

2 つの株式へ分散投資した場合の証券ポートフォリオの期待収益率（リターン）と，収益率の分散（リスク）について説明しました．一見複雑に見えるこれらの式も，ベクトルと行列を使うと見やすく表現できます．

$$期待収益率 : x\mu_A + (1 - x)\mu_B \tag{9.22}$$

$$収益率の分散 : x^2\sigma_A^2 + 2x(1 - x)\rho\sigma_A\sigma_B + (1 - x)^2\sigma_B^2 \tag{9.23}$$

9.5 株式ポートフォリオ分析 193

これを，ベクトルと行列で表現すると次のようになります．

$$期待収益率：(x \quad 1-x)\begin{pmatrix} \mu_A \\ \mu_B \end{pmatrix} \tag{9.24}$$

$$収益率の分散：(x \quad 1-x)\begin{pmatrix} \sigma_A^2 & \rho\sigma_A\sigma_B \\ \rho\sigma_A\sigma_B & \sigma_B^2 \end{pmatrix}\begin{pmatrix} x \\ 1-x \end{pmatrix} \tag{9.25}$$

ベクトルと行列を次の記号で表すと，もっと単純に書くことができます．

$$\boldsymbol{\mu} = \begin{pmatrix} \mu_A \\ \mu_B \end{pmatrix} \quad V = \begin{pmatrix} \sigma_A^2 & \rho\sigma_A\sigma_B \\ \rho\sigma_A\sigma_B & \sigma_B^2 \end{pmatrix} \quad \mathbf{x} = \begin{pmatrix} x \\ 1-x \end{pmatrix} \tag{9.26}$$

とすると，次式になります[*5]．

$$期待収益率：\mathbf{x}^t\boldsymbol{\mu}$$

$$収益率の分散：\mathbf{x}^t V \mathbf{x}$$

練習問題 9.5

(1) 式 (9.26) の行列 V の 1 行目 2 列目の要素 $\rho\sigma_A\sigma_B$ が，株式 A と株式 B の収益率の共分散であることを示しなさい．

(2) 式 (9.24), (9.25) を展開すると，式 (9.22), (9.23) になることを確かめなさい．

9.5.3 Web によるポートフォリオの分析

9.5.1 項では分散投資によってリスクを低減できることを示しました．ここでは，2 つの株式について，複数の株式銘柄の投資比率を変化させると，上記のリターンとリスクがどのように変化するのかについて，Web を使いながら検証していきたいと思います．

[*5] 行列 V の対角要素は各株式の収益率の分散，非対角要素は 2 つの株式の収益率の共分散となっています．行列 V を**共分散行列**といいます．

(1) 「ビジネス数理基礎」のホームページから
2証券全体の期待収益率とリスクの計算とグラフ化 をクリックします．
(2) 図 9.4 のように，2 つの証券それぞれの期待収益率と収益率の標準偏差ならびに，2 つの証券の相関係数を入力します．

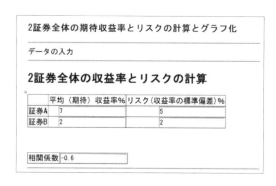

図 9.4：証券投資：入力データ

(3) 図 9.5，図 9.6 のように，2 証券全体（ポートフォリオ）の期待収益率の式と，投資比率を変化させたときの期待収益率とリスクの関係が折れ線グラフで表示されます．横軸が収益率の標準偏差，縦軸が期待収益率になっていることに注意してください．グラフの各マークの横の数字は証券 A への投資比率です．また，このグラフのうち，右上がりの部分は**有効フロンティア**と呼ばれており，それぞれの収益率の標準偏差でもっとも高い期待利益率が得られる証券の組み合わせの集合となっています．詳しくは投資理論の専門書を参照してください．

練習問題 9.6

2 証券への投資の問題において，相関係数を -1 から 1 まで変化させたとき，投資比率を変化させるとグラフの様子がどのように変化するのかを Web を利用して確認し，結果を考察しなさい．ただし，各証券の期待収益率と収益率の標準偏差は各自で与えなさい．

9.5 株式ポートフォリオ分析

計算式

(x:証券Aの投資比率)
証券全体の期待収益
$$\mu_p = (x, 1-x)\begin{pmatrix} 7 \\ 3 \end{pmatrix}$$
証券全体のリスク
$$\sigma_p^2 = (x, 1-x)\begin{pmatrix} 7^2 & 2\times-0.6\times4\times2 \\ 2\times-0.6\times4\times2 & 3^2 \end{pmatrix}\begin{pmatrix} x \\ 1-x \end{pmatrix}$$

計算表

証券Aの投資比率(x)	1	0.95	0.9	0.85	0.8	0.75	0.7	0.65	0.6	0.55	0.5	0.45	0.4	0.35	0.3	0.25	0.2	0.15	0.1	0.05	0
証券Bの投資比率(1-x)	0	0.05	0.1	0.15	0.2	0.25	0.3	0.35	0.4	0.45	0.5	0.55	0.6	0.65	0.7	0.75	0.8	0.85	0.9	0.95	1
証券全体の期待収益(μ_p)	7	6.8	6.6	6.4	6.2	6	5.8	5.6	5.4	5.2	5	4.8	4.6	4.4	4.2	4	3.8	3.6	3.4	3.2	3
証券全体のリスク(σ_p)	4	3.74	3.48	3.23	2.98	2.73	2.49	2.26	2.02	1.81	1.61	1.44	1.3	1.21	1.18	1.2	1.29	1.42	1.59	1.79	2

図 9.5：計算結果

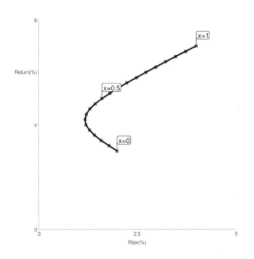

図 9.6：計算結果のグラフ（x 軸：リスク（収益率の標準偏差%），y 軸：平均収益率%）

第 10 章

付録

10.1 関数の極限

x が a より小さい値から a に近づくことを $x \to a-0$ と表す．そのときの関数 $f(x)$ の極限値を $\lim_{x \to a-0} f(x)$ または $f(a-0)$ などで表し，$f(x)$ の a における**左極限値**という．同様に x が a より大きい値から a に近づくことを $x \to a+0$ と表す．そのときの $f(x)$ の極限値を $\lim_{x \to a+0} f(x)$ または $f(a+0)$ などで表し，$f(x)$ の a における**右極限値**という．また $0+0, 0-0$ をそれぞれ単に $+0, -0$ と表す．

さて，$y = \dfrac{1}{x}$ において $x \to +0$ とすると $\dfrac{1}{x}$ の値はどんな正の値をも超えて増大する．このようなとき $\dfrac{1}{x} \to +\infty$（または単に $\dfrac{1}{x} \to \infty$）と表す．また $x \to -0$ とすると $\dfrac{1}{x}$ はどんな負の値よりも小さくなっていく．このとき $\dfrac{1}{x} \to -\infty$ と表す．これらのことを

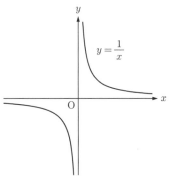

$$\lim_{x \to +0} \frac{1}{x} = \infty, \quad \lim_{x \to -0} \frac{1}{x} = -\infty$$

と表すこともある．$x \to \infty, x \to -\infty$ の意味も同様である．この場合 $f(x)$ の値が限りなく c に近づくときは

$$\lim_{x \to \infty} f(x) = c, \quad \lim_{x \to -\infty} f(x) = c$$

で表す.

変数 x が a でない値をとって a に限りなく近づくとき，その近づき方によらず，関数 $f(x)$ の値が常に一定の値 b に限りなく近づくならば，$x \to a$ のとき $f(x) \to b$ または $\lim_{x \to a} f(x) = b$ と表す．b は $x = a$ における $f(x)$ の **極限値**といい，$f(x)$ は $x \to a$ のとき b に **収束する**という．このとき, 右極限値も左極限値も存在し，それらが一致することと同値である．すなわち，

$$\lim_{x \to a} f(x) = b \quad \Longleftrightarrow \quad \lim_{x \to a+0} f(x) = \lim_{x \to a-0} f(x) = b$$

関数の極限値について，次のことが成立する．

定理 1（はさみうちの原理）$\lim_{x \to a} f(x) = \alpha,\ \lim_{x \to a} g(x) = \beta$ で, $h(x)$ は a の十分近くで $f(x) \leqq h(x) \leqq g(x)$ を満たし，$\alpha = \beta$ とする．そのとき，$x \to a$ のとき，関数 $h(x)$ も収束し，$\lim_{x \to a} h(x) = \alpha$ が成立する．

定理 2 $\lim_{x \to 0}(1 + x)^{\frac{1}{x}}$ は収束する．その極限値を e と表し，**Napier**（ネピア）数という．このとき，e は無理数で $e = 2.71828\cdots$ である．

$$\lim_{x \to 0}(1 + x)^{\frac{1}{x}} = e = 2.71828\cdots$$

Napier数（ネピア）e を底とする指数関数 e^x, 対数関数 $\log_e x$ は数学，自然科学のあらゆる部門において重要で，特に $\log_e x$ は，$\ln x$ で表されることもあり，**自然対数 (natural logarithm)** と呼ばれている．そのため，e は**自然対数の底**とも呼ばれている．

また，三角関数の極限において，次の極限は重要で，これを用いて，三角関数の導関数が求められる．

> **定理 3**
> $$\lim_{x \to 0} \frac{\sin x}{x} = 1$$

10.2 変化率，微分係数，導関数

変数 x が a から $a + \Delta x$ まで変化するとき，関数 $y = f(x)$ の平均変化率は，y の増分 $f(a + \Delta x) - f(a)$ を Δy とすると

$$\frac{\Delta y}{\Delta x} = \frac{f(a + \Delta x) - f(a)}{\Delta x}$$

である．ここで $\Delta x \to 0$ とき $\dfrac{\Delta y}{\Delta x}$ が有限な値に収束するとき，その極限値を $y = f(x)$ の $x = a$ における**変化率**または**微分係数**といい，

$$\frac{df}{dx}(a), \ \frac{dy}{dx}(a), \ f'(a)$$

などの記号で表す．すなわち

$$\begin{aligned} f'(a) &= \lim_{\Delta x \to 0} \frac{f(a + \Delta x) - f(a)}{\Delta x} \\ &= \lim_{x \to a} \frac{f(x) - f(a)}{x - a} \end{aligned}$$

この極限値 $f'(a)$ が存在するとき，$f(x)$ は $x = a$ で**微分可能**であるという．また，$f(x)$ が開区間 I のすべての点で微分可能のとき，$f(x)$ は I で微分可能であるという．

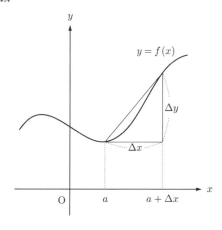

開区間 I で定義された関数 $f : I \to \mathbb{R}$ が I のすべての点で微分可能であるとき,対応 $I \ni x \to f'(x)$ によって,関数 $f' : I \to \mathbb{R}$ を定義することができる.この関数 f' を f の**導関数**といい,

$$\frac{dy}{dx}, \ \frac{df(x)}{dx}, \ \frac{df}{dx}(x), \ f', \ f'(x), \ y'$$

などで表す.関数 f の導関数を求めることを**微分する**という.このとき,導関数の定義式は

$$\frac{df}{dx} = f'(x) = \lim_{\Delta x \to 0} \frac{\Delta y}{\Delta x} = \lim_{\Delta x \to 0} \frac{f(x + \Delta x) - f(x)}{\Delta x} = \lim_{h \to 0} \frac{f(x + h) - f(x)}{h}.$$

10.3 多変数関数,偏微分係数,偏導関数

xy 平面上のある領域 D を動く点 (x, y) に 1 つの実数 z を対応させるとき,z は D を定義域とする 2 変数関数であるといい,

$$z = f(x, y)$$

で表す.このとき,変数 x, y を **独立変数**,変数 z を **従属変数**と呼ぶ.一般に,n 個の独立変数 $x_1, \dots, x_n$ の f による値であることを

$$z = f(x_1, \dots, x_n)$$

で表し,***n* 変数関数** と呼ぶ.$f(x_1, \dots, x_n)$ が定義される $(x_1, \dots, x_n)$ の集合を f の **定義域**,値 z の作る集合を f の **値域**と呼ぶ.独立変数が 2 個以上の関数は,多変数関数と呼ばれている.

例 1 (1) 1 m あたりの値段が 20 円の鉄線と 50 円の銅線をそれぞれ x [m], y [m] 買うときの総額 z は $z = 20x + 50y$ である.これは 2 変数関数の例である.このとき,定義域 D は

$$D = \{ (x, y) \in \mathbb{R}^2 \mid x > 0, \ y > 0 \},$$

値域は 区間 $(0, +\infty)$ である.

(2) 縦横高さの長さがそれぞれ x, y, z である直方体の体積 V は $V = xyz$ である。これは 3 変数関数の例である。このとき，定義域 D は
$$D = \{ (x, y, z) \in \mathbb{R}^3 \mid x > 0,\ y > 0,\ z > 0 \},$$
値域は区間 $(0, +\infty)$ である．

関数 $z = f(x, y)$ において，点 P(x, y) が点 A(a, b) に限りなく近づくとき，その近づき方によらずに，関数 $f(x, y)$ が一定の値 α に限りなく近づくならば，$(x, y) \to (a, b)$ のとき $f(x, y)$ の極限値は α であるといい，それぞれ記号，
$$\lim_{(x,y) \to (a,b)} f(x, y) = \alpha$$
で表す．

注意： $\displaystyle\lim_{(x,y) \to (a,b)} f(x, y) = \alpha$ とは，$(x, y) \to (a, b)$ のとき，(x, y) が (a, b) にどんな近づき方をしても，$f(x, y)$ は同じ値 α に近づくことを意味する．したがって，$(x, y) \to (a, b)$ の近づき方が異なったとき $f(x, y)$ が異なる値に近づくならば，極限は存在しないことになる．

では，その近づき方を考えてみよう．1 変数では x が a に近づくとき，その近づき方は，大きく分けて 2 通り $x \to a + 0$（右から），$x \to a - 0$（左から）であった．2 変数では，(x, y) が (a, b) に近づくとき，その近づき方は，右・左・上・下の 4 通りだけでなく，どの方向からでも近づくことができるので，無限通りなのである．ここが，1 変数と大きく異なることである．

偏微分係数

関数 $z = f(x, y)$ について，(x, y) を (a, b) に近づけるとき，その近づけ方を制限して，x 軸に平行に近づける．すると，y の値は変化せず，一定値 b に保たれるので，関数 $z = f(x, b)$ は x だけの 1 変数関数になる．この関数 $z = f(x, b)$ が $x = a$ で微分可能であるとき，その

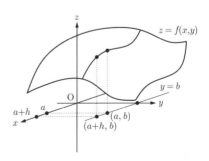

微分係数を,

$$\frac{\partial f}{\partial x}(a, b), \quad f_x(a, b), \quad \left(\frac{\partial z}{\partial x}\right)_{(x,y)=(a,b)}$$

などで表し, $z = f(x, y)$ の点 $\mathbf{A}(a, b)$ における x に関する偏微分係数という. この偏微分係数の定義式は,

$$\frac{\partial f}{\partial x}(a, b) = \lim_{\Delta x \to 0} \frac{f(a + \Delta x, b) - f(a, b)}{\Delta x} = \lim_{h \to 0} \frac{f(a + h, b) - f(a, b)}{h}$$

同様に, y の関数 $z = f(a, y)$ が $y = b$ で微分可能のとき, その微分係数を $\frac{\partial f}{\partial y}(a, b), f_y(a, b)$ または $\left(\frac{\partial z}{\partial y}\right)_{(x,y)=(a,b)}$ などで表し, $z = f(x, y)$ の点 $\mathbf{A}(a, b)$ における y に関する偏微分係数という. すなわち,

$$\frac{\partial f}{\partial y}(a, b) = \lim_{\Delta y \to 0} \frac{f(a, b + \Delta y) - f(a, b)}{\Delta y} = \lim_{k \to 0} \frac{f(a, b + k) - f(a, b)}{k}$$

偏導関数

関数 $z = f(x, y)$ に対して, D の各点 (x, y) で偏微分係数 $f_x(x, y)$ が存在すれば, 対応 $(x, y) \mapsto f_x(x, y)$ は D 上で定義される. これを $z = f(x, y)$ の **x に関する偏導関数** と呼び,

$$f_x(x, y), \ \left(f(x, y)\right)_x, \ f_x, \ \frac{\partial f}{\partial x}(x, y), \ \frac{\partial f}{\partial x}, \ z_x, \ \frac{\partial z}{\partial x}$$

などの記号で表す. これは, y を固定しておいて $f(x, y)$ を x だけの関数とした導関数である.

同様に, 対応 $(x, y) \mapsto f_y(x, y)$ が定義され, これを $z = f(x, y)$ の **y に関する偏導関数**といい,

$$f_y(x, y), \ \left(f(x, y)\right)_y, \ f_y, \ \frac{\partial f}{\partial y}(x, y), \ \frac{\partial f}{\partial y}, \ z_y, \ \frac{\partial z}{\partial y}$$

などの記号で表す. x (または y) に関する偏導関数を求めることを x (または y) で**偏微分する**という. 偏導関数の定義式は, 次の通りである.

10.3 多変数関数，偏微分係数，偏導関数 **203**

$$f_x(x, y) = \lim_{\Delta x \to 0} \frac{f(x + \Delta x, y) - f(x, y)}{\Delta x} = \lim_{h \to 0} \frac{f(x + h, y) - f(x, y)}{h}$$

$$f_y(x, y) = \lim_{\Delta y \to 0} \frac{f(x, y + \Delta y) - fx, y)}{\Delta y} = \lim_{k \to 0} \frac{f(x, y + k) - fx, y)}{k}$$

例 2. 次の関数の偏導関数 z_x, z_y を求めよ.
$$z = x^5 - 6x^3y^2 + 7y^4 + 5x - 4y - 9$$

解答 x で偏微分するときは，y は変化しないので定数と考えることができる. 同様に，y で偏微分するときは，x は定数と考えることができる.

$$\begin{aligned}
z_x &= (x^5 - 6x^3y^2 + 7y^4 + 5x - 4y - 9)_x \\
&= (x^5)_x - 6(x^3)_x y^2 + (7y^4)_x + (5x)_x - (4y)_x - (9)_x \\
&= 5x^4 - 6 \times 3x^2 \times y^2 + 0 + 5 - 0 - 0 \\
&= 5x^4 - 18x^2y^2 + 5.
\end{aligned}$$

$$\begin{aligned}
z_y &= (x^5 - 6x^3y^2 + 7y^4 + 5x - 4y - 9)_y \\
&= (x^5)_y - 6x^3(y^2)_y + 7(y^4)_y + (5x)_y - (4y)_y - (9)_y \\
&= 0 - 6x^3 \times 2y + 7 \times 4y^3 + 0 - 4 - 0 \\
&= -12x^3y + 28y^3 - 4.
\end{aligned}$$

高次偏導関数

2 変数関数 $z = f(x, y)$ の偏導関数 $\dfrac{\partial z}{\partial x}, \dfrac{\partial z}{\partial y}$ がさらに偏微分可能ならば，x, y で偏微分した関数，

$$\frac{\partial}{\partial x}\left(\frac{\partial z}{\partial x}\right), \quad \frac{\partial}{\partial y}\left(\frac{\partial z}{\partial x}\right), \quad \frac{\partial}{\partial x}\left(\frac{\partial z}{\partial y}\right), \quad \frac{\partial}{\partial y}\left(\frac{\partial z}{\partial y}\right)$$

を考え，これら 4 つを **第 2 次偏導関数** といい，記号，

$$\frac{\partial^2 z}{\partial x^2}, \quad \frac{\partial^2 z}{\partial y \partial x}, \quad \frac{\partial^2 z}{\partial x \partial y}, \quad \frac{\partial^2 z}{\partial y^2} \quad \text{または} \quad z_{xx}, \ z_{xy}, \ z_{yx}, \ z_{yy}$$

などで表す. 第 3 次以上の偏導関数も同様に定義される.

例 3. 関数 $f(x, y) = 3x^2y^4 - 5xy^3 + 7x - 2y + 4$ の第 2 次偏導関数を求めよ．

解答 与式より偏微分して，

$$f_x(x, y) = 6xy^4 - 5y^3 + 7, \quad f_y(x, y) = 12x^2y^3 - 15xy^2 - 2$$

さらに偏微分して，2 次偏導関数は，

$$f_{xx}(x, y) = 6y^4, \qquad f_{xy}(x, y) = 24xy^3 - 15y^2.$$
$$f_{yx}(x, y) = 24xy^3 - 15y^2, \quad f_{yy}(x, y) = 36x^2y^2 - 30xy.$$

一般には，f_{xy} と f_{yx} は偏微分する順序が違うので $f_{xy} \neq f_{yx}$ であるが，次の定理は成立する．

定理 4 偏導関数 f_{xy}, f_{yx} がどちらも連続ならば，$f_{xy} = f_{yx}$ が成立する．

---

2 変数関数の極値

関数 $z = f(x, y)$ において，点 $A(a, b)$ の十分近くの任意の点 $P(x, y)$ に対して，$f(x, y) < f(a, b)$ が成立するとき，$z = f(x, y)$ は点 $A(a, b)$ で**極大**であるといい，$f(a, b)$ を**極大値**という．同様に，点 $A(a, b)$ の十分近くの任意の点 $P(x, y)$ に対して，$f(x, y) > f(a, b)$ が成立するとき，$z = f(x, y)$ は点 $A(a, b)$ で**極小**であるといい，$f(a, b)$ を**極小値**という．また，極大値と極小値を合わせて**極値**と呼ぶ．

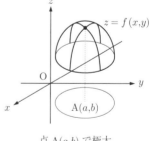

点 $A(a,b)$ で極大

$z = f(x, y)$ が点 $A(a, b)$ で極値をとるとすると，$f(x, b)$ は，$x = a$ で極値をとるから，$f_x(a, b) = 0$ でなければならない．同様に，$f(a, y)$ は，$y = b$ で極値をとるから，$f_y(a, b) = 0$ でなければならない．したがって，

10.3 多変数関数，偏微分係数，偏導関数 **205**

定理5 ［極値をとるための必要条件］ 関数 $z = f(x, y)$ が偏微分可能で，点 A(a, b) で極値をとるならば

$$\frac{\partial z}{\partial x}(a, b) = f_x(a, b) = 0 \text{ かつ } \frac{\partial z}{\partial y}(a, b) = f_y(a, b) = 0 \tag{10.1}$$

が成立する．

条件式 (10.1) を満たす点 (a, b) を $z = f(x, y)$ の**臨界点**という．

この定理は，$f(a, b)$ が $f(x, y)$ の極値であるための必要条件を与えているが十分条件ではない．$f(a, b)$ が $f(x, y)$ の極値であるための判定は，次の定理で与えられる．

定理6 連続な第2次偏導関数をもつ関数 $z = f(x, y)$ において，

$$H_f(x, y) = \begin{vmatrix} f_{xx}(x, y) & f_{xy}(x, y) \\ f_{yx}(x, y) & f_{yy}(x, y) \end{vmatrix} \tag{10.2}$$
$$= f_{xx}(x, y)f_{yy}(x, y) - f_{xy}(x, y)f_{yx}(x, y)$$

とおく．このとき，f の臨界点 (a, b) において，すなわち，

$$f_x(a, b) = f_y(a, b) = 0 \tag{10.3}$$

を満たす点 (a, b) において，

(1) $H_f(a, b) > 0$ のとき $f(x, y)$ は (a, b) で極値をとる．さらに
   (i) $f_{xx}(a, b) > 0$ ならば $f(a, b)$ は極小値，
   (ii) $f_{xx}(a, b) < 0$ ならば $f(a, b)$ は極大値である．
(2) $H_f(a, b) < 0$ のとき $f(x, y)$ は (a, b) で極値をとらない．
   （この点は**鞍点**と呼ばれている）

※ 行列 $\begin{pmatrix} f_{xx}(x, y) & f_{xy}(x, y) \\ f_{yx}(x, y) & f_{yy}(x, y) \end{pmatrix}$ は f の **Hesse**行列と呼ばれ，その行列式 $H_f(x, y)$ は f の **Hessian** または **Hesse** の行列式と呼ばれている．

例 4. 関数 $f(x, y) = 2x^3 - 6xy + 3y^2 \cdots ①$ の極値を求めよ．

解答

$f(x, y) = 2x^3 - 6xy + 3y^2$ を偏微分すると，

$$f_x(x, y) = 6x^2 - 6y, \quad f_y(x, y) = -6x + 6y \cdots ②$$

さらに偏微分して，

$$f_{xx}(x, y) = 12x, f_{xy}(x, y) = f_{yx}(x, y) = -6, f_{yy}(x, y) = 6 \cdots ③$$

このとき，Hessian $H_f(x, y)$ を計算すると，③ を用いて，

$$H_f(x, y) = \begin{vmatrix} f_{xx} & f_{xy} \\ f_{yx} & f_{yy} \end{vmatrix} = \begin{vmatrix} 12x & -6 \\ -6 & 6 \end{vmatrix} = 72x - 36 \tag{10.4}$$

である．

ここで，f の臨界点を求める．② を用いて

$$\begin{cases} f_x(x, y) = 0 \\ f_y(x, y) = 0 \end{cases} \text{より} \begin{cases} 6x^2 - 6y = 0 \\ -6x + 6y = 0 \end{cases}$$

この連立方程式を解くと，$(x, y) = (0, 0), (1, 1)$ である．

(i) $(x, y) = (0, 0)$ のとき

式 (10.4) より $H_f(0, 0) = -36 < 0$ だから極値をとらない（鞍点）．

(ii) $(x, y) = (1, 1)$ のとき

式 (10.4) より $H_f(1, 1) = 36 > 0$ だから極値をとる．

さらに，③ より $f_{xx}(1, 1) = 12 > 0$ だから極小値をとる．

このとき極小値は，① より $f(1, 1) = -1$．

したがって，(i), (ii) より，極小値 -1 （$(x, y) = (1, 1)$ のとき）

10.4　最小 2 乗回帰直線

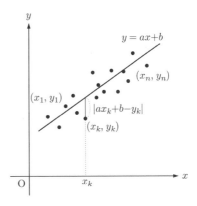

n 組のデータ $(x_1, y_1), \ldots, (x_n, y_n)$ から得られる線形的数学的モデル，すなわち**最小 2 乗推定量**，

$$E(a,b) = \sum_{k=1}^{n} (ax_k + b - y_k)^2$$

を最小にするような a と b を選ぶことによって得られる直線 $y = ax + b$ は，統計でよく使われていて，この直線を**最小 2 乗回帰直線**という．

この直線を求めるためには，a, b を決定すればよい．そこで，先ほどの方法を適用する．まず，臨界点を求めよう．

$$\frac{\partial E}{\partial a} = \sum_{k=1}^{n} 2x_k(ax_k + b - y_k) = 2a\sum_{k=1}^{n} x_k^2 + 2b\sum_{k=1}^{n} x_k - 2\sum_{k=1}^{n} x_k y_k$$

$$\frac{\partial E}{\partial b} = \sum_{k=1}^{n} 2(ax_k + b - y_k) = 2a\sum_{k=1}^{n} x_k + 2bn - 2\sum_{k=1}^{n} y_k.$$

$\frac{\partial E}{\partial a} = \frac{\partial E}{\partial b} = 0$ より，

$$\begin{cases} a\sum_{k=1}^{n} x_k^2 + b\sum_{k=1}^{n} x_k - \sum_{k=1}^{n} x_k y_k = 0 & \cdots ① \\ a\sum_{k=1}^{n} x_k + bn - \sum_{k=1}^{n} y_k = 0 & \cdots ② \end{cases}$$

よって $\left(① \times n - ② \times \sum_{k=1}^{n} x_k\right) \div \left(n\sum_{k=1}^{n} x_k^2 - \left(\sum_{k=1}^{n} x_k\right)^2\right)$ より

$$a = \frac{n \sum_{k=1}^{n} x_k y_k - \sum_{k=1}^{n} x_k \cdot \sum_{k=1}^{n} y_k}{n \sum_{k=1}^{n} x_k^2 - \left(\sum_{k=1}^{n} x_k\right)^2} = \frac{\sum_{k=1}^{n} x_k y_k - n\bar{x}\,\bar{y}}{\sum_{k=1}^{n} x_k^2 - n(\bar{x})^2} \tag{10.5}$$

② より

$$b = \frac{1}{n}\left(\sum_{k=1}^{n} y_k - a \sum_{k=1}^{n} x_k\right) = \bar{y} - a\bar{x} \tag{10.6}$$

である.

ここで,$\dfrac{\partial^2 E}{\partial a^2} = 2 \sum_{k=1}^{n} x_k{}^2$,$\dfrac{\partial^2 E}{\partial a \partial b} = \dfrac{\partial^2 E}{\partial b \partial a} = 2 \sum_{k=1}^{n} x_k$,$\dfrac{\partial^2 E}{\partial b^2} = 2n$ であるから,Hessian $H_E(a, b)$ を計算すると,

$$H_E(a, b) = \begin{vmatrix} 2 \sum_{k=1}^{n} x_k{}^2 & 2 \sum_{k=1}^{n} x_k \\ 2 \sum_{k=1}^{n} x_k & 2n \end{vmatrix} = 4n \sum_{k=1}^{n} x_k{}^2 - 4 \left(\sum_{k=1}^{n} x_k\right)^2$$

$$= 2 \sum_{j,k=1}^{n} \left(x_j - x_k\right)^2 > 0$$

さらに,$\dfrac{\partial^2 E}{\partial a^2}(a, b) = 2 \sum_{k=1}^{n} x_k{}^2 > 0$.

以上より,すべての (a, b) に対し,$\dfrac{\partial^2 E}{\partial a^2}(a, b) > 0$ かつ $H_E(a, b) > 0$ である.

したがって,E は臨界点で極小値をとることがわかる.

さらに,$|(a, b)| = \sqrt{a^2 + b^2} \longrightarrow \infty$ のとき $E(a, b) \longrightarrow \infty$ であるので,最小値は極小値である.したがって,先ほど求めた式 (10.5), (10.6) の (a, b) が,$E(a, b)$ の極小かつ最小となる点である.

n 組のデータ $(x_1, y_1), \ldots, (x_n, y_n)$ から得られる最小 2 乗回帰直線 $y = ax + b$ の a, b は,

$$\begin{cases} a = \dfrac{n\sum_{k=1}^{n} x_k y_k - \sum_{k=1}^{n} x_k \cdot \sum_{k=1}^{n} y_k}{n\sum_{k=1}^{n} x_k^2 - \left(\sum_{k=1}^{n} x_k\right)^2} = \dfrac{\sum_{k=1}^{n} x_i y_i - n\bar{x}\bar{y}}{\sum_{k=1}^{n} x_k^2 - n(\bar{x})^2} \\ b = \dfrac{1}{n}\left(\sum_{k=1}^{n} y_k - a\sum_{k=1}^{n} x_k\right) = \bar{y} - a\bar{x} \end{cases}$$

で与えられる.

10.5　定積分

関数 $f(x)$ は区間 $[a, b]$ で連続で $f(x) \geqq 0$ とする. 曲線 $y = f(x)$ と x 軸および 2 直線 $x = a, x = b$ で囲まれた図形の面積 S を求めてみよう.

区間 $[a, b]$ を分点 $a = x_0 < x_1 < \cdots < x_{k-1} < x_k < \cdots < x_{n-1} < x_n = b$ によって小区間 $[x_0, x_1], [x_1, x_2], \ldots, [x_{k-1}, x_k], \ldots, [x_{n-1}, x_n]$ に分割する.

各小区間 $[x_{k-1}, x_k]$ での $f(x)$ の最大値を M_k, 最小値を m_k, この区間の分割を Δ として

$$S_\Delta = \sum_{k=1}^{n} M_k(x_k - x_{k-1}),$$

$$s_\Delta = \sum_{k=1}^{n} m_k(x_k - x_{k-1})$$

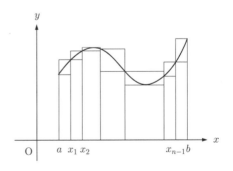

とおくと

$$s_\Delta \leqq S \leqq S_\Delta \qquad (10.7)$$

が成立する．

いま分割 Δ での小区間の長さ $x_k - x_{k-1}$ $(k = 1, 2, \ldots, n)$ の最大値を $|\Delta|$ で表す．そのとき分割 Δ を限りなく細かくしていくと，式 (10.7) より

$$S = \lim_{|\Delta| \to 0} S_\Delta = \lim_{|\Delta| \to 0} s_\Delta$$

が成立することがわかる．

また S_Δ, s_Δ における M_k, m_k のかわりに各小区間 $[x_{k-1}, x_k]$ の任意の点 ξ_k における関数値 $f(\xi_k)$ で置き換えると，$m_k \leqq f(\xi_k) \leqq M_k$ より

$$s_\Delta \leqq \sum_{k=1}^{n} f(\xi_k)(x_k - x_{k-1}) \leqq S_\Delta$$

よって，$|\Delta| \to 0$ とすると

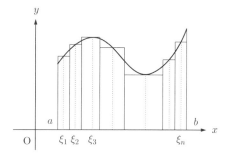

$$S = \lim_{|\Delta| \to 0} \sum_{k=1}^{n} f(\xi_k)(x_k - x_{k-1}) \tag{10.8}$$

が成立することがわかる．

さて，上記のような図形的な問題を参考にして，閉区間 $[a, b]$ で定義された関数 $f(x)$ の定積分を定義する．$f(x)$ は $[a, b]$ で定義され，$m \leqq f(x) \leqq M$ であるような定数 M, m が存在するものとする [*1]．

区間 $[a, b]$ を

分点 $a = x_0 < x_1 < \cdots\cdots < x_{k-1} < x_k < \cdots\cdots < x_{n-1} < x_n = b$

によって分割する．各小区間 $[x_{k-1}, x_k]$ の任意の点 ξ_k における関数値 $f(\xi_k)$ に対し，和，

$$\sum_{k=1}^{n} f(\xi_k)(x_k - x_{k-1}) \tag{10.9}$$

[*1] このような性質をもつ関数を**有界関数**という

を考える．このような和を **Riemann**（リーマン）**和** という．分割 Δ での小区間の長さ $x_k - x_{k-1}$ $(k = 1, 2, \cdots, n)$ の中で最大なものの値を $|\Delta|$ で表す．分割 Δ を限りなく細かくしていくとき，分割 Δ および $\xi_k \in [x_{k-1}, x_k]$ の選び方によらずに式 (10.9) が収束するならば $f(x)$ は $[a, b]$ で**積分可能**であるといい，そのときの極限値を，

$$\int_a^b f(x)\,dx$$

で表し，$f(x)$ の a から b までの**定積分**という．すなわち，

$$\int_a^b f(x)\,dx = \lim_{|\Delta|\to 0} \sum_{k=1}^n f(\xi_k)(x_k - x_{k-1}) \tag{10.10}$$

である．

分点を $a = x_0, x_1, x_2, \cdots, x_{n-1}, x_n = b$ にとった $[a, b]$ の上の分割法を Δ とすると，$x_k - x_{k-1} = -(x_{k-1} - x_k)$ であるので 式 (10.10) より，

$$\int_a^b f(x)\,dx = \lim_{|\Delta|\to 0} \sum_{k=1}^n f(\xi_k)\{-(x_{k-1} - x_k)\} = -\lim_{|\Delta|\to 0} \sum_{k=1}^n f(\xi_k)(x_{k-1} - x_k)$$

が成立する．このとき分点は $b = x_n, x_{n-1}, \ldots, x_1, x_0 = a$ となり，逆向きだと考えて，

$$\int_b^a f(x)\,dx = \lim_{|\Delta|\to 0} \sum_{k=1}^n f(\xi_k)(x_{k-1} - x_k)$$

と定義する．そうすると，

$$\int_a^b f(x)\,dx = -\int_b^a f(x)\,dx \tag{10.11}$$

が成立することがわかる．

$[a, b]$ で積分可能な関数 $f(x)$ については，

$$\int_a^b f(x)\,dx = \lim_{|\Delta|\to 0} \sum_{k=1}^n f(\xi_k)(x_k - x_{k-1})$$

が分割 Δ および $\xi_k \in [x_{k-1}, x_k]$ の選び方によらず成立するので，この極限値を求めるには区間 $[a, b]$ の分割法 Δ や $\xi_k \in [x_{k-1}, x_k]$ を特殊なものにとり，分割を限りなく細かくしていけばよい．たとえば Δ を $[a, b]$ の n 等分にとって $n \to \infty$ にすればよい．したがって，

$$\int_a^b f(x)\,dx = \lim_{n\to\infty} \sum_{k=1}^{n} f\left(a + \frac{b-a}{n}k\right)\frac{b-a}{n} \tag{10.12}$$

が成立する．なお，$a = b$ の場合，$b - a = 0$ となるので，

$$\int_a^a f(x)\,dx = 0 \tag{10.13}$$

がわかる．

定理 7 (微分積分学の基本定理) $f(x)$ は $[a, b]$ において連続とする．c は $[a, b]$ の任意の点とし，

$$F(x) = \int_c^x f(t)\,dt \quad x \in [a, b]$$

とする．そのとき，

(1) 関数 $F(x)$ は $[a, b]$ で微分可能で

$$\frac{d}{dx}F(x) = f(x)$$

が成立する．すなわち，$F(x)$ は $f(x)$ の原始関数である．

(2) $G(x)$ を $f(x)$ の原始関数のうちの 1 つとすると，

$$\int_a^b f(x)\,dx = G(b) - G(a)$$

が成立する．

10.6 行列 **213**

この微分積分学の基本定理により, 原始関数 [*2] がわかれば, 定積分の値が計算できるのである.

10.6 行列

数を長方形の形に並べて括弧で閉じたものを**行列**という. 行列についての用語を少し紹介しておこう.

(1) 行列において, 数の横の並びを**行**といい, 上から順に, 第 1 行, 第 2 行, ... という. また, 数の縦の並びを**列**といい, 左から順に, 第 1 列, 第 2 列, ... という.

(2) 行の数が m で, 列の数が n である行列を **$m \times n$ 型行列**, または, **(m, n) 型行列**という. とくに, (n, n) 型 ($n \times n$ 型 : 行の数と列の数が同じ) 行列を **n 次正方行列**という. $m \times 1$ 型行列を (**m 次元**) **列ベクトル**, $1 \times n$ 型行列を (**n 次元**) **行ベクトル**ということもある.

上の例では, それぞれ 3×4 型行列, 2 次正方行列 (2×2 型), 3 次元行ベクトル (1×3 型), 4 次元列ベクトル (4×1 型) である.

(3) 行列の中の数をそれぞれを**成分**といい, とくに, 第 j 行で第 k 列の成分を **(j, k) 成分**という. そこで一般に, 第 (j, k) 成分を a_{jk} で表し, 行列を (a_{jk}) と表すこともある (a につけた 2 つの添数で左側が上から何行目かを, 右側が左から何列目かを表している).

一般に, $m \times n$ 型行列 A は, 下記のように表される.

$$A = (a_{jk}) = \begin{pmatrix} a_{11} & a_{12} & \cdots & a_{1n} \\ a_{21} & a_{22} & \cdots & a_{2n} \\ \vdots & \vdots & & \vdots \\ a_{m1} & a_{m2} & \cdots & a_{mn} \end{pmatrix}$$

[*2] x で微分すると $f(x)$ になる関数 $F(x)$ を $f(x)$ の原始関数という (「8.3.2 節 積分法」を参照).

また，n 次正方行列 A は，

$$A = (a_{jk}) = \begin{pmatrix} a_{11} & a_{12} & \cdots & a_{1n} \\ a_{21} & a_{22} & \cdots & a_{2n} \\ \vdots & \vdots & \ddots & \vdots \\ a_{n1} & a_{n2} & \cdots & a_{nn} \end{pmatrix}$$

と表されるが，左上から右下にかけての斜めの成分 $a_{11}, a_{22}, \ldots, a_{nn}$ を
対角成分という．

(4) 正方行列に対し，対角成分以外のすべての成分が 0 である行列を**対角行列**という．

例 $\begin{pmatrix} 5 & 0 \\ 0 & -1 \end{pmatrix}, \begin{pmatrix} 2 & 0 & 0 \\ 0 & -2 & 0 \\ 0 & 0 & -3 \end{pmatrix}$ など

(5) 対角成分がすべて 1 である対角行列を**単位行列**といい，総じて I または E で表し，n 次の単位行列は I_n または E_n で表す．

例 $\begin{pmatrix} 1 & 0 \\ 0 & 1 \end{pmatrix}, \begin{pmatrix} 1 & 0 & 0 \\ 0 & 1 & 0 \\ 0 & 0 & 1 \end{pmatrix}$ など

10.7 逆行列

正方行列 A，単位行列 I に対し，

$$AX = I, \quad XA = I \tag{10.14}$$

を満たす行列 X を A の**逆行列**といい，A^{-1} で表す．ただし，逆行列が存在しない行列もある．例えば，すべての要素が 0 である零行列などである．行列 A の逆行列が存在するとき，A は**正則**であるという．また，このとき A を**正則行列**という．逆行列 A^{-1} が存在すれば，それはただ 1 つであり，A に右からかけても左からかけても単位行列 I になるのである．

10.8 固有値・固有ベクトル・対角化 **215**

定理 8 2 次正方行列 $A = \begin{pmatrix} a & b \\ c & d \end{pmatrix}$ において,

(i) $ad - bc \neq 0$ のとき, A は正則で, 逆行列 A^{-1} は,

$$A^{-1} = \begin{pmatrix} a & b \\ c & d \end{pmatrix}^{-1} = \frac{1}{ad - bc} \begin{pmatrix} d & -b \\ -c & a \end{pmatrix} \tag{10.15}$$

(ii) $ad - bc = 0$ のとき, A は正則でない.

ここで 2 次正方行列 $A = \begin{pmatrix} a_{11} & a_{12} \\ a_{21} & a_{22} \end{pmatrix}$ に対し, 記号,

$$\begin{vmatrix} a_{11} & a_{12} \\ a_{21} & a_{22} \end{vmatrix} = a_{11}a_{22} - a_{12}a_{21} \tag{10.16}$$

で 2 次の**行列式**を定義する.

これより,

$$\begin{vmatrix} a & b \\ c & d \end{vmatrix} = ad - bc \tag{10.17}$$

である. よって, 上の定理 (i), (ii) より, A の行列式の値が 0 でないなら A は正則で, 行列式の値が 0 ならば, 正則ではないことがわかる.

10.8 固有値・固有ベクトル・対角化

n 次正方行列 A に対し,

$$Ax = \lambda x, \quad x \neq 0 \tag{10.18}$$

を満たす数値 λ を A の**固有値**といい, ベクトル x を λ に属する A の**固有ベクトル**という.

固有値, 固有ベクトルの求め方を考えてみよう. 式 (10.18) より $Ax - \lambda x = 0$ だから,

$$(A - \lambda I)x = 0 \quad (I \text{ は単位行列}) \tag{10.19}$$

が得られる．このとき，行列 $A - \lambda I$ が逆行列をもつと，$\boldsymbol{x} = 0$ しか得られないので不適．したがって，行列 $A - \lambda I$ の逆行列が存在しないこと，すなわち，行列式の値について，

$$|A - \lambda I| = 0 \qquad (10.20)$$

が成立することである．これより，この方程式の解として固有値 λ が得られることになる．さらに，この λ を式 (10.19) に代入して得られる連立 1 次方程式の解として，λ に属する A の固有ベクトル $\boldsymbol{x}$ が得られる．

方程式 (10.20) は，A の**固有方程式**と呼ばれている．また，式 (10.19) の左辺 $|A - \lambda I|$ は，λ の n 次式である．そこで，

$$\varphi_A(\lambda) = |A - \lambda I| \qquad (10.21)$$

は，A の**固有多項式**と呼ばれている．

例 5.　正方行列 $A = \begin{pmatrix} 8 & 10 \\ -5 & -7 \end{pmatrix}$ について，次の問いに答えなさい．

(1) A の固有値 λ を求めなさい．

(2) λ に属する A の固有ベクトル $\boldsymbol{x}$ を求めなさい．

（解答）

(1) 固有方程式 $|A - \lambda I| = 0$ より，

$$\begin{vmatrix} 8 - \lambda & 10 \\ -5 & -7 - \lambda \end{vmatrix} = 0$$

$$\lambda^2 - \lambda - 6 = 0$$

$$(\lambda - 3)(\lambda + 2) = 0$$

よって，A の固有値は $\lambda = 3, -2$ である．

(2) λ に属する A の固有ベクトル $\boldsymbol{x}$ を

$$\boldsymbol{x} = \begin{pmatrix} x \\ y \end{pmatrix} \cdots ①$$

とおくと，式 (10.19) の $(A - \lambda I)\boldsymbol{x} = \boldsymbol{0}$ より，

$$\begin{pmatrix} 8 - \lambda & 10 \\ -5 & -7 - \lambda \end{pmatrix} \begin{pmatrix} x \\ y \end{pmatrix} = \begin{pmatrix} 0 \\ 0 \end{pmatrix} \cdots ②$$

10.8 固有値・固有ベクトル・対角化

が成立する.

(i) $\lambda = 3$ のとき② に代入して,

$$\begin{pmatrix} 5 & 10 \\ -5 & -10 \end{pmatrix} \begin{pmatrix} x \\ y \end{pmatrix} = \begin{pmatrix} 0 \\ 0 \end{pmatrix}$$

これより, $x = -2y$ が得られるので, ① に代入して,

$$\boldsymbol{x} = \begin{pmatrix} x \\ y \end{pmatrix} = \begin{pmatrix} -2y \\ y \end{pmatrix} = y \begin{pmatrix} -2 \\ 1 \end{pmatrix}$$

よって, $\boldsymbol{x} = c_1 \begin{pmatrix} -2 \\ 1 \end{pmatrix}$ $\qquad (c_1 \in \mathbb{R})$

(ii) $\lambda = -2$ のとき② に代入して,

$$\begin{pmatrix} 10 & 10 \\ -5 & -5 \end{pmatrix} \begin{pmatrix} x \\ y \end{pmatrix} = \begin{pmatrix} 0 \\ 0 \end{pmatrix}$$

これより, $y = -x$ が得られるので, ① に代入して,

$$\boldsymbol{x} = \begin{pmatrix} x \\ y \end{pmatrix} = \begin{pmatrix} x \\ -x \end{pmatrix} = x \begin{pmatrix} 1 \\ -1 \end{pmatrix}$$

よって, $\boldsymbol{x} = c_2 \begin{pmatrix} 1 \\ -1 \end{pmatrix}$ $\qquad (c_2 \in \mathbb{R})$

（終）

索 引

ABC 分析, 63

F 値, 105

n 乗根, 112

P-値, 105

t 値, 105

Z 値, 85

鞍点, 205

異常値, 69
1 次関数, 39
1 次従属, 180
1 次独立, 180
移動平均値, 64, 65

円グラフ, 26

帯グラフ, 26
折れ線グラフ, 28, 64

回帰係数, 105
回帰分析, 98
家計調査, 75
加重平均, 80
型, 213
片対数のグラフ, 153
関数, 42
関数の傾きと変化, 156
関数の極限, 197

幾何平均, 115
疑似相関, 97
基礎消費, 134
逆行列, 214
狭義減少増加関数, 161
狭義単調減少関数, 141
狭義単調増加関数, 141, 161
供給関数, 48
共分散, 91
共分散行列, 193
行ベクトル, 213
行列, 173, 174
行列式, 215
極限
    2 変数関数の—, 201
極限値, 198
    2 変数関数の—, 201
極小, 204
極小値, 164
極大, 204
極大値, 164
極値, 164, 204
均衡点, 48

区分型関数, 146
クロス集計表, 70

決定係数, 103
原因と結果, 95
限界効用, 161
限界効用逓減の法則, 162
限界消費性向, 134
限界税額, 163
限界税率, 163

限界値, 161
現在価値, 121

合計, 17
効用関数, 161
ゴールシーク, 131
国民医療費統計, 71
固有多項式, 216
固有値, 185, 215
固有ベクトル, 185, 215
固有方程式, 216

最小値, 163
最小 2 乗回帰直線, 207, 208
最小 2 乗法, 101
最大値, 163
最頻値, 37
残差, 101
算術平均, 32
散布図, 88
サンプル, 25
サンプルサイズ, 25

$\sum$, 18
時系列データ, 28, 64
指数 (index), 30
指数関数, 113
指数関数の性質, 151
指数表示, 11
指数法則, 112
自然数, 2
自然対数, 123, 198
自然対数の底, 123
実数, 2
質的データ, 69
四分位, 76
四分位範囲, 77
集合棒グラフ, 26
収支差額, 22
収束, 198
　　2 変数関数の—, 201
従属変数, 99
自由度調整済み決定係数, 104
需要関数, 48
瞬間変化率, 157
常用対数, 123
初期値, 20
所得税額, 146

シンプソンのパラドックス, 71

推移確率行列, 182
スカラー, 174
ストック, 21

正規分布, 73
整数, 2
正則, 214
正則行列, 214
成長率, 15
正負記号, 10
成分, 213
積分, 166
積分可能, 211
積分定数, 168
絶対値, 10
前回比, 13
線型モデル, 134

相関係数, 92
増減表, 164
増減率, 13
添え字, 16
ソルバー, 131

対角行列, 214
対角成分, 214
対数, 123
対数法則, 152
第 2 次偏導関数, 203
代表値, 32, 69
単位行列, 177, 214
単純移動平均, 65
単調減少関数, 161
単調性, 131
単調増加関数, 139, 161
単利法, 119

値域, 135
中央値, 33
中間値の定理, 136
調整平均値, 69
貯蓄関数, 135

積み上げ棒グラフ, 26

底, 123
定義域, 135
定常状態ベクトル, 183

索 引

定積分, 167, 209, 211
底の変換公式, 123
データ系列, 25
データの標準化, 85
電卓を使って指数の計算, 115
電卓を使って対数の計算, 124

導関数, 158, 200
等号, 10
独立変数, 99
度数, 36
度数分布表, 36

2 分検索, 145

Napier（ネピア）数, 123, 198

はずれ値, 33, 69
パレート図, 62
パレート分析, 63

比, 4
非減少関数, 139
ヒストグラム, 37, 73
左極限値, 197
非負の整数, 2
微分, 53, 156
微分可能, 199
微分係数, 199
微分する, 200
微分積分学の基本定理, 212
標準得点, 85

複合系列, 25
複利計算, 119
不定積分, 168
不等号, 10
負の整数, 2
フロー, 21
分位数, 76
分散, 82
分散投資, 189
分子, 8
分数, 8
分数のかけ算, 8
分数のたし算, 9
分数の割り算, 9
分母, 8

平均値, 32
平均変化率, 156
変化率, 52
平方根, 11
べき乗, 11
ベクトル, 58, 173
変化率, 199
変化量, 21
偏差, 81
偏差積和, 90
偏差値, 86
偏差平方和, 82
変動係数, 84

棒グラフ, 24, 60
ポートフォリオ, 190

マルコフ連鎖, 180

右極限値, 197

無理数, 3

面積, 166

約分, 9

有界関数, 210
有効フロンティア, 194
有理数, 3

Riemann （リーマン）和, 211
離散値, 2, 168
量的データ, 69
臨界点, 205

累積値, 22, 166
累積変化量, 21
累進課税, 163

レギュラー推移確率行列, 184
列ベクトル, 213
連続関数, 135
連続値, 2
連立 1 次方程式, 45

割り算の意味, 5
割引現在価値, 121

著者紹介

高萩 栄一郎（たかはぎ えいいちろう）

1989 年　福井工業大学経営工学科助手
1990 年　中央大学大学院経済学研究科博士後期課程退学
1992 年　専修大学商学部専任講師
2002 年　同　教授
　　　専門はファジィ理論

生田目 崇（なまため たかし）

1999 年　東京理科大学大学院工学研究科博士後期課程修了　博士（工学）
2002 年　専修大学商学部専任講師，同　教授を経て
2013 年　中央大学理工学部教授
　　　専門は経営科学およびマーケティング・サイエンス

奥瀬 喜之（おくせ よしゆき）

1999 年　小樽商科大学商学部助手
2000 年　学習院大学大学院経営学研究科博士後期課程単位取得退学
2002 年　専修大学商学部専任講師
2012 年　同　教授
　　　専門はマーケティング（特に消費者行動）

岡田 穣（おかだ みのる）

2003 年　北海道大学大学院農学研究科博士後期課程修了　博士（農学）
2004 年　専修大学北海道短期大学専任講師
2008 年　同　准教授
2013 年　専修大学商学部准教授
2017 年　同　教授
　　　専門は森林の多面的機能の評価

本田 竜広（ほんだ たつひろ）　　博士（数理学）

1991 年　九州大学大学院理学研究科数学専攻博士後期課程中途退学
1991 年　有明工業高等専門学校助手，同　講師，助教授を経て
2005 年　広島工業大学工学部助教授，同　准教授，教授を経て
2018 年　専修大学商学部教授
　　　専門は函数論（特に多変数関数論）

中原 孝信（なかはら たかのぶ）
2009 年　大阪府立大学大学院経済学研究科博士後期課程修了　博士（経済学）
2009 年　関西大学商学部助教
2014 年　専修大学商学部講師
2016 年　専修大学商学部准教授
　　　　専門はデータマイニングのビジネス応用

2014 年　3 月 28 日	初　版　第 1 刷発行	
2017 年　3 月 25 日	初　版　第 2 刷発行	
2019 年　11 月 16 日	改訂版　第 1 刷発行	
2024 年　11 月 14 日	改訂版　第 2 刷発行	

ビジネス数理基礎 [改訂版]　　　　©2019

著　者　髙萩栄一郎／生田目崇／奥瀬喜之／岡田穣／本田竜広／中原孝信
発行者　橋本豪夫
発行所　ムイスリ出版株式会社

〒169-0075
東京都新宿区高田馬場 4-2-9
Tel (03)3362-9241(代表)　Fax (03)3362-9145　振替 00110-2-102907

ISBN978-4-89641-285-7　C3041

memo

memo

memo

memo